「岬屋」店主親傳

歲時和菓子
基礎技法

渡邊好樹　著

瑞昇文化

目次

【本書使用說明】
● 熱源是使用瓦斯爐加熱。如果是使用IH調理爐，由於只有鍋子底部受熱，所以要視情況以多次關火等方式來調整加熱狀態。
● 加熱時間僅為基本判斷標準，還是要視狀態進行調整。
● 做法有標示黃底處為特別重要的部分。只要遵守就能降低失敗風險。

本書所使用的主要原料

製作和菓子時會使用到的材料其實非常簡單，只要準備以下所介紹的材料，
基本上幾乎就能做出各種類型的和菓子。這些都是在製菓材料行和網路上很容易買到的材料。

道明寺粉

將蒸熟的糯米乾燥後的粉末。從完整米粒狀態的，一直到磨成原來六分之一大小的，有各種尺寸的顆粒。質地細緻口感佳。

上用粉

將清洗完的粳米乾燥後磨成的粉末，特徵是比上新粉的顆粒還要來得細緻。

上白糖

和菓子所使用的砂糖為含有糖蜜的上白糖。由於細砂糖不易融化，加入豆沙蒸煮時所產生的糖蜜比例也比較少，所以不適合使用。

紅豆

顆粒豆沙和豆沙泥的原料。最好選用表面帶有光澤且體型較大的種類。店內是使用產自北海道的紅豆。

低筋麵粉

小麥類磨成的粉末，其中黏性來源的麩質含量較低。作為栗蒸羊羹等的麵團材料以及手粉來使用。

糯米粉

糯米磨成的粉末，加入糯米粉的和菓子，其特色為黏性及延展性佳，即使冷藏也不容易變硬。

葛粉

從葛根抽取出的澱粉，產地為奈良縣和福岡縣。由於市面上也有混雜其他澱粉製成的商品，所以100%由葛根萃取的稱為「本葛粉」。

白腰豆（大手亡）

用來製作白豆沙。大手亡是白腰豆的一種，以前的白豆還有分大中小的尺寸，現在只剩下大尺寸的白豆了。

蕨粉

由蕨類根部萃取出的澱粉，魅力在於滑嫩又彈牙的口感。不過要注意的是市面上也有販賣混入其他澱粉製成的「蕨粉」。

冰麻糬

起源自信州（長野縣諏訪附近）的傳統飲食，將麻糬浸泡在水裡然後冷凍，接著再利用寒風達到風乾效果。可以在製菓材料行購買。

寒梅粉

將糯米蒸熟做成有彈性的麵團後煎烤，再製成粉狀的產品。由於已經是有加熱過的狀態，所以用於製作半生菓子等時，就不需要再次加熱。

上新粉

粳米磨成的細緻粉末，在製作山藥饅頭等時會使用。能發揮粳米風味的粉末。

寒天絲

以植物為原料的凝固劑，要特別注意的是各種寒天商品的凝固強度會有所差異。相較於寒天粉和寒天條，建議使用凝固程度較平均的寒天絲。

製作和菓子的
必備基本技巧

　　雖然各個種類的和菓子在外觀、顏色和製作材料都不盡相同，但是在製作的技巧和訣竅有許多共通的部分，所以只要學會基本技巧，就能做出大部分的和菓子。在這裡首先要介紹經常會使用到的「蒸煮方式」和「包餡方式」。

1 蒸煮技巧

在使用葛粉、道明寺粉、糯米粉、上用粉等和菓子的基本材料製作麵團時，就必須經過蒸煮的這道程序。本書所介紹的和菓子幾乎都會有蒸煮的步驟。以下就來介紹這當中必學的兩個訣竅。

訣竅1
麵團中間弄薄，周圍較厚

家中所使用的蒸鍋的蒸氣上升情況，會隨著場所的不同，而出現周圍受熱較均勻，中間卻受熱不均的情況。所以如果在蒸煮有加入道明寺粉或是黃味時雨的麵團或糯米時，就要使用橡膠刮刀等工具將麵團從中間撥往周圍，中央部只要保持稍薄的狀態即可。如此一來就能降低蒸煮過程中可能產生的失誤。

訣竅2
擺放時要保持足夠間距

在蒸煮山藥饅頭或是黃味時雨的麵團時，擺放時一定要留有至少 2cm 以上的間距。那是因為蒸煮過後的膨脹程度會比想像中來得大。要是沒有保留部分間距，就會導致彼此沾黏的情況發生，這部分要特別注意。

專賣店會使用「日式蒸籠」

和菓子的專賣店會使用名為「日式蒸籠」的方形蒸籠（左側圖片）。這種蒸籠最明顯的特色在於下方有嵌入一塊挖空一個洞的木板（右側圖片）。蒸氣會集中在這個洞並一口氣由下往上衝，蒸氣壓力相當高就能將和菓子蒸軟。在東京可以前往羽橋等地的烘焙器具行請店家幫忙打洞。若是想要做出真正道地的和菓子，那麼就一定要先準備好相應的器具。

這本書會出現許多以外皮包覆豆沙的和菓子。即便是不同的麵團，包餡方式也幾乎相同。反覆操作就是提升技術的第一步。使用整個手掌來輕柔地包餡吧。

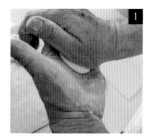

將1個分量的麵團放在左手掌，以右手大拇指的根部壓平。

按壓麵團周圍部分使其變薄，呈現中間較厚的圓形。
◆因為包覆豆沙後接合的部分會變厚，所以要將邊緣弄薄。

將麵皮往外拉扯延展成豆沙球直徑的兩倍大。

將麵皮放在左手掌，放入豆沙球，用手捏出凹陷狀。

以右手的食指和中指將豆沙球往下壓，右手大拇指將麵皮由下往上延展，接著開始包入豆沙球。

慢慢地旋轉，邊將麵皮同樣地由下往上延展。

大致包覆住豆沙球後，邊旋轉邊以大拇指的指腹按壓麵皮邊緣，使其附著豆沙。

右手的大拇指和食指按住左手的大拇指，以按壓出三角形的方式接合麵皮邊緣。

捏緊接合處使其黏合。

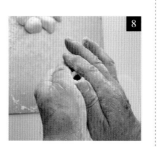

上下翻轉，將接合處朝下並揉圓。

將包有豆沙的和菓子靠在左手掌中央，以右手掌旋轉並調整形狀。

製作和菓子所需的器具

接著介紹平常在廚房內不會出現，需要特別準備的工具。這些都可以在工具行和製菓材料行購買，
至於那些比較難購買到的工具，則是會盡量告訴各位可用何種器具來代替。

過濾袋

這是製作紅豆沙和白豆沙時，在加入砂糖燉煮前用來去除水分會使用的工具。以材質較厚的棉布製成，不過也可以使用市面上販賣的「濾網袋」。這兩種工具都很容易就能買到。

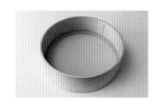

網眼較細的濾篩

需要過濾粉類或是將生豆沙等過篩時使用。在家中製作時也可以用孔洞細密的手持式濾網代替。在過濾上白糖時一定要和粉類一起過篩，只單獨將上白糖過篩的話，容易導致網眼阻塞。

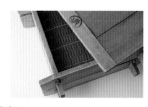

蒸鍋

建議最好使用「日式蒸籠」（→p.4），不過在家中還是可以使用普通的蒸鍋製作。最好是選用鍋蓋較重，能產生壓力讓猛烈的蒸氣循環的蒸鍋。在蒸煮前要確認蒸氣是否能夠順利往上，才能開始進行蒸煮。

扁木棒

在製作糯米和菓子當中的青梅和蕨餅等外型時，當需要畫線或是戳洞就會使用到扁木棒。在店裡使用的竹製扁木棒，前端有做削細削尖的處理，也可以使用小孩用來做黏土的塑形棒，只要將前端削尖削細即可。

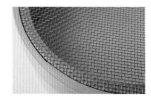

網眼較大的濾篩（4 網目）

濾篩有各種大小的網眼，專業的和菓子師傅會分別使用不同網目的濾篩。本書中會使用到的是之前介紹的網眼較小和網眼較大的濾篩。在將黃味時雨和半生菓子的麵團磨成碎屑時會使用到，或是將冰糯米磨成粗碎時也會使用。

框模

製作糯米和菓子的麵團時，將液體狀的麵團進行蒸煮時使用。將框模放入蒸鍋內，鋪上網目細密的布，接著將麵團倒進去。圖片為店內使用的手工方形木框，圓形或是不鏽鋼製的都沒關係。或是以製作西式甜點時用的慕斯圈來代替也很方便。

專賣店所使用的器具「銅鍋」

在燉煮豆沙或是加熱葛粉時，方便用來開火進行混合攪拌動作的碗狀銅鍋。整體的受熱程度十分均勻，蓄熱能力也很強，最重要的是沒有任何角度，在混合攪拌時比較不會出現結塊情形。強烈建議各位一定要購買。不過也可以使用中華炒鍋來代替，如果是使用一般的鍋子，則是建議使用有弧度的雪平鍋。

質地較厚的棉布

在蒸煮糯米和菓子的液狀麵團時，會使用到的網目細密且質地較厚的棉布。蒸煮過程中能夠讓麵團不會流到下方。以水沾濕後用力擰乾就可以使用。不需要是特別材質，在一般店家就能夠買到的棉布。

模具

製菓材料行等處經常以「製作雞蛋豆腐」的用途來販賣，有附上切割器的不鏽鋼製模具。有兩層構造，外側的盒子還要放入中底使用。可以倒入如水羊羹那樣的液狀麵團後冷藏凝固，或發揮框模的功能將半生菓子的麵團固定為方形。

運用專業技巧，在家也能

製作和菓子

想要在家中試著製作和菓子。

想做出更好吃的和菓子。

為了回應這些想法，

本書收錄了許多在家也能做出和菓子的技巧，

介紹了34種和菓子的詳細製作方式。

其中也包涵上菓子店鋪中必備的「道地紅豆飯」的做法。

山藥饅頭

外觀樸實卻也風格高雅，山藥饅頭是日本自古以來時常會在茶會時端上的和菓子。日文漢字寫作「薯蕷饅頭」，薯蕷是指山藥，正如其名就是使用山藥製成的外皮包覆豆沙餡，經蒸煮後製成。淡淡的山藥香氣加上鬆軟濕潤的外皮，就是這種和菓子最大的特色。

只要記住基本的做法，就能透過上色和改變外型的方式，做出更多樣化的和菓子。在這裡首先要介紹的是最基本的「笑窪」做法、剜去表面薄皮改變外型的「朧」，還有在麵團加入柚子皮上色的「柚子」，以及在家也能輕鬆捏製出外型的「松茸」。

若能對應季節和意趣加入創意巧思，又能享受到更多不同的樂趣。舉例來說像是將外皮調成淡紅色做成「夜櫻」，或是烙上櫻花印記。染上黃色並剝去薄皮，就成了像是從遠方眺望油菜花田的「菜種」。若在外皮烙上蝴蝶印記，可讓整體外觀看起來更加吸引人。

（→ p.4）

完美成功的四大重點

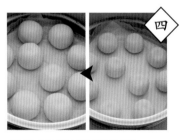

山藥的選擇方式

這種和菓子的美味程度取決於山藥的好壞。若是想要蒸出鬆軟的和菓子，那麼麵團最好是呈現偏硬的狀態，所以要使用水分較少、較黏稠的山藥來製作。因此會選用在排水良好的土地上所培育出的大和山藥。

外皮和豆沙餡的比例為 1：2

外皮和豆沙餡最能取得平衡的重量比例為 1：2。如果是豆沙餡較多外皮較少，那麼外皮的水分會因為蒸發過度而失去潤澤感；相反地，要是外皮較多則會導致過度膨脹，容易產生破裂情形。

使用密閉度較高的蒸鍋

店鋪內是使用蒸氣壓力較高，能讓外皮變得鬆軟的「日式蒸籠」（→ p.4）。一般在家中則是可以使用蓋子較重且密閉度較高的蒸鍋，讓熱水能經常保持在沸騰狀態。

蒸煮時擺放要保持間距

加入山藥的麵團因為有使用上新粉和低筋麵粉，因此膨脹程度會比想像中還要大。為了不要有外皮彼此沾黏的情況發生，在擺放至蒸鍋內時，至少要間隔 2cm 的距離。

柚子

松茸

朧

笑窪

笑窪

圓形白色饅頭表面上，帶有一個紅點。因其俐落的設計而經常出現在節慶場合上。製作方式是所有山藥饅頭的基礎，所以務必要達到熟練的程度。

特別準備的器具

· 研磨缽

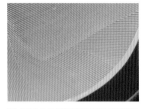

日本自古以來所使用的研磨缽是從底部邊緣開始就有紋路，繞行一整圈的紋路來到最後的邊緣部分則是呈現凹陷狀。可將研磨好的材料從此處取出，器具中蘊藏著日本古老的智慧。

材料（30 個分量）

大和山藥*1……100g

砂糖（上白糖）……240g

上新粉……120g

低筋麵粉……40g

豆沙泥（→ p.86）……900g

手粉（低筋麵粉）……適量

芝麻油*2……適量

紅色食用色素……少量

＊1 本書中，關東和菓子是使用「大和山藥」，
關西的和菓子則是會使用「佛掌薯」。

＊2 推薦使用香氣極佳的太白芝麻油，沒有的
話也可以用沙拉油取代。

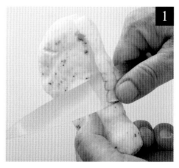

持續加水混合，直至從高度 30cm 位置將豆沙往下丟時，下半部會變得破碎且平坦的程度。也就是會黏住桌面、不易完整取下的狀態。

◆ 整體加入的水分量以 35ml 為基準，不過還是要看原先的豆沙狀態來調節水量。

以木鏟撈起碗裡的山藥泥，如果整體都呈現不易從木鏟上滑落的黏稠狀態，那麼就要加入約 1 成分量的水攪拌，以調整山藥泥的黏稠度。

◆ 要選用黏稠度較高的山藥，之後再進行調整即可。若是水分含量較高的山藥會無法提升黏稠度。

將大和山藥較寬的頭部位置厚厚削去一層外皮，底下較窄的部分則不需要削皮。接著立即放入水中浸泡。

◆ 如果有顏色較深的部分要去除。若接觸到空氣會使顏色變更深，進而影響和菓子的外觀。如果雜質太多，則可以浸泡在醋水中。

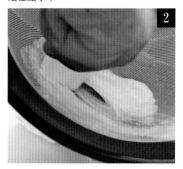

將 7 捏製成棒狀，從一端分割為各 30g 的分量，然後稍微揉成圓球狀。將豆沙球放在鋪有布巾的盤子上。

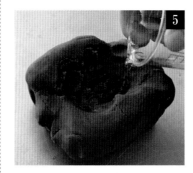

調整豆沙泥的軟硬狀態。將豆沙泥放置在桌面上，於中央處做出凹陷並倒入少量的水分（分量外），接著混合均勻。

◆ 由於蒸煮過後的餘溫會導致豆沙水分蒸發變乾，所以要事先將水分補足。

手握住 1 較窄的部分，頂住研磨缽並以與紋路成直角的直線方式研磨。使用研磨缽邊緣凹陷的紋路部分約 3 個區塊來進行研磨。

◆ 朝著紋路溝槽以直角方式研磨，確保磨成泥的質地粗細一致，外皮就能均勻膨脹。要注意若是以螺旋狀畫圓方式研磨，則會導致質地變粗。

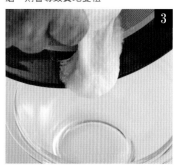

製作外皮麵團。碗裡放上濾網，放入砂糖、上新粉和低筋麵粉一起過篩。然後將濾網內多餘的砂糖去除。

◆ 由於上白糖含有糖蜜，所以單獨過篩時容易附著在濾網上。而殘留在濾網上的砂糖則是不易融化而形成結塊，所以不能使用。

多次加入水分後混合均勻，讓豆沙質地變得柔軟。這個時候豆沙會產生黏性。

研磨到一個段落後，就沿著紋路集中倒入碗內。接著將較窄的部分去皮，以同樣方式研磨後再倒入碗內。

← 下接 p.12

在蒸鍋內鋪上紙巾和烘焙紙，將 15 以間隔 2cm 距離的方式擺放。

● 在蒸鍋內放置慕斯圈等框模器具，墊高底下蒸網後再鋪上紙巾，這樣就不會接觸到下方煮沸的水，比較不容易失敗。

蒸鍋和鍋蓋之間放上布巾，在產生蒸氣的狀態下蒸煮 12 分鐘。圖片為蒸煮完成後的狀態。烘焙紙要塗抹一層薄薄的芝麻油後，再擺放在蒸網上。取出饅頭時手上也要塗抹少許芝麻油，才放在網上放涼。

紅色食用色素加入少量水（分量外）調合，然後以餐巾紙吸附，以竹籤尖端部分沾取紅色食用色素。於 15 的凹陷處輕輕點上紅點印記。

麵團揉捏成形後在桌面撒上大面積的手粉，並將 12 取出。以刮板分割成 4 等分，為了不讓其中 3 等分的麵團變乾，先以保鮮膜將其包覆。接著將麵團揉成細長條狀，從一端分割成各 15 ～ 16g 的分量後，稍微揉成球狀。

在桌面輕壓麵團使其變得平坦，邊旋轉邊以右手的大拇指根部將其按壓成圓形。麵皮中央要比周圍厚一些。按壓過程中要適度撒上少許手粉。麵皮的直徑要控制在比豆沙球直徑還要大上約一倍的大小。

參考 p.5 的包餡方式來包覆豆沙球。以上下翻轉滾動的方式調整形狀，並利用手掌骨頭輕壓頭部弄出凹陷。包好內餡後擺放在盤子上，在蒸煮前先以保鮮膜覆蓋。接著重複 13 ～ 15 的步驟，將剩下的 3 個麵團都各別包好內餡。

將 4 放入 9，在周圍撒些手粉分次混合攪動，慢慢地將粉類與山藥混合均勻。

● 利用手的熱度將砂糖融化，讓粉類和山藥能均勻混合。

持續混合至可捏製成團的階段後，放上兩手並以體重力量下壓，確實揉捏麵團。

麵團成形後將其摺起，以 11 的方式使用兩手加上體重力量下壓。這個動作要反覆進行好幾次。如果麵團沾附在碗上，就撒些手粉讓表面保持工整狀態。

朧

雖然說材料和做法都和「笑窪」相同，但只要剝除一層薄薄和紙，就能給人一種朦朧美的印象，展現出截然不同的風格。而這樣的製作手法也能套用至各種山藥饅頭上。

做法

❶ 按照 p.11 ～ 12 的「笑窪」做法 **1** ～ **17** 來蒸煮饅頭。

❷ 手塗抹上一層薄薄的芝麻油，於左手放上和紙，將蒸好的❶頭部朝下擺放在和紙上，然後將其包覆（a）。

　　◆ 小心不要被燙傷，要趁熱進行這個動作，等到冷卻後就不好包覆。

❸ 上下翻轉過來，輕輕地將和紙整個撕除。撕到一半時就一口氣把整張紙撕除（b）。

　　◆ 和紙的纖維會呈現薄皮狀附著在饅頭上，可以將其剝除。

材料（30 個分量）

大和山藥……100g

砂糖（上白糖）……240g

上新粉……120g

低筋麵粉……40g

豆沙泥（→ p.86）……900g

手粉（低筋麵粉）……適量

芝麻油*……適量

＊ 推薦使用香氣極佳的太白芝麻油，沒有的話也可以用沙拉油取代。

特別準備的器具

・雲龍紙等較薄的和紙（裁剪成 10cm 見方）
　30 張

柚子

麵團內的柚子皮會散發出淡淡香氣的山藥饅頭。11月中旬左右的外皮為綠色，至於晚秋到冬天的時期，進入成熟期的柚子外皮會染上黃色。

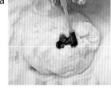

做法

❶ 按照 p.11～12 的「笑濾」做法 **1**～**11** 來製作麵團和豆沙球。

❷ 綠色食用色粉加入少量的水（分量外）調合，等到❶的麵團成形後加入少許（a），然後揉捏至整體顏色均勻的狀態。

❸ 加入柚子皮（b），一邊揉捏混合至均勻。接著按照「笑濾」做法 **12**，以相同方式揉麵。

❹ 按照「笑濾」做法 **13**～**15** 以相同方式包覆內餡（c），然後再以 **16**～**17** 的相同方式蒸煮後放涼。

◆ 若為冬天的茶會，有時候會放入冒出蒸氣的蒸鍋內蒸煮約 8 分鐘，趁著還溫熱的狀態就端上桌。

材料（30 個分量）

大和山藥……100g

砂糖（上白糖）……240g

上新粉……120g

低筋麵粉……40g

豆沙泥（→ p.86）……1050g

手粉（低筋麵粉）……適量

芝麻油*[1]……適量

柚子皮*[2]（皮屑）……1/4 個分量

食用色粉（綠）*[3]……少量

＊1 推薦使用香氣極佳的太白芝麻油，沒有的話也可以用沙拉油取代。

＊2 這裡是使用青柚皮屑，也可以使用黃柚皮屑。

＊3 或是以黃色 10：藍色 1 的比例混合。

松茸

看到外型如此可愛的松茸真的會讓人莞薾微笑。即使在家中也能輕鬆捏製出這樣的外型，請務必嘗試看看。不過要注意若是麵團沒有按照本書內容揉捏成偏硬狀態，就會難以成形。

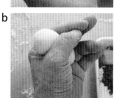

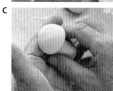

做法

❶ 按照 p.11 ~ 12 的「笑漥」做法 **1** ~ **12** 來製作麵團和豆沙球。按照 p.5 的方式包覆內餡，然後捏製成紡錘狀（**a**）。

❷ 以大拇指和食指將左側 1/3 位置捏細（**b**），上面則捏成松茸的傘狀。傘狀下方確實做出凹陷，直至柄部的部分則是捏製成圓潤飽滿狀態（**c**）。然後以無名指朝柄部下方稍微弄出凹陷。

❸ 使用毛刷在傘狀和柄部下方凹陷處迅速刷上肉桂粉。稍微吹氣去除多餘肉桂粉末，接著按照「笑漥」做法 **16** ~ **17**，以相同方式蒸煮後放涼。

❹ 加熱鐵串後，碰觸傘狀一端的弧度烙下印記。

◆ 烤肉用的鐵串在使用上十分方便。加上印記後會給人留下緊實的印象。

材料（30 個分量）

大和山藥……100g

砂糖（上白糖）……240g

上新粉……120g

低筋麵粉……40g

豆沙泥（→ p.86）……900g

手粉（低筋麵粉）……適量

芝麻油＊……適量

肉桂粉……適量

＊ 推薦使用香氣極佳的太白芝麻油，沒有的話也可以用沙拉油取代。

特別準備的器具

・鐵串

（也可以使用烤肉用的鐵串）

以外皮包餡的和菓子

以關東風格的櫻餅為代表，以柔軟彈牙的外皮包覆豆沙的和菓子。外皮是以低筋麵粉和寒梅粉為基底的麵團煎烤而成，即便只是改變外皮顏色，仍可以讓和菓子展現不同的面貌。

煎烤後的外皮相當柔軟，只要改變包餡方式，或是依喜好將豆沙泥改成顆粒豆沙，就能透過各種變化來發揮創意，所以請務必試著體驗這樣的樂趣。除了以下所介紹的和菓子，其他還有到了秋天會將外皮染成黃色並煎成圓形，然後對摺兩次妝點而成的「銀杏」。

不過由於這類的和菓子，在炎熱的夏天會因為內餡出水而導致外皮變得濕黏，所以並不適合在這個時節製作。只能在秋天到初夏的時期吃得到。

在店內是使用銅板煎麵皮，在書中則是為了方便在家中製作而以電烤盤代替。由於電線的關係，比起圓形烤盤，建議還是使用受熱較均勻的方形烤盤。此外，最好是表面沒有浮雕加工的平坦烤盤。

完美成功的四大重點

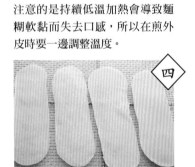

二

不要煎到上色

在製作櫻餅、薄紅和朝顏時，在外觀上都是希望能呈現柔美的白色，所以不會煎到變色。不過要注意的是持續低溫加熱會導致麵糊軟黏而失去口感，所以在煎外皮時要一邊調整溫度。

一

麵糊黏稠度適中

為了外形美觀，在煎外皮時最好不要出現顏色太深或是過厚的情況。為此，混合攪拌時需俐落地大範圍畫圓，不要讓麵糊因過度攪拌而呈現太黏稠的狀態。

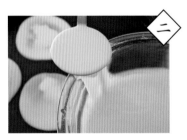

四

煎好的外皮有分正反面

一開始煎的那一面就是作為和菓子的表面（外側）。這一面因為質地細緻而光滑美麗，所以煎好外皮後一定要將最先煎的那一面朝上放涼。

二

麵糊不要到處亂滴

舀起液狀的黏稠麵糊時很容易溢出。如果是使用圓形湯勺要舀起麵糊，就將湯勺底部靠著碗緣，將多餘的麵糊沿著邊緣倒回碗裡，這樣就能順利將麵糊舀起。

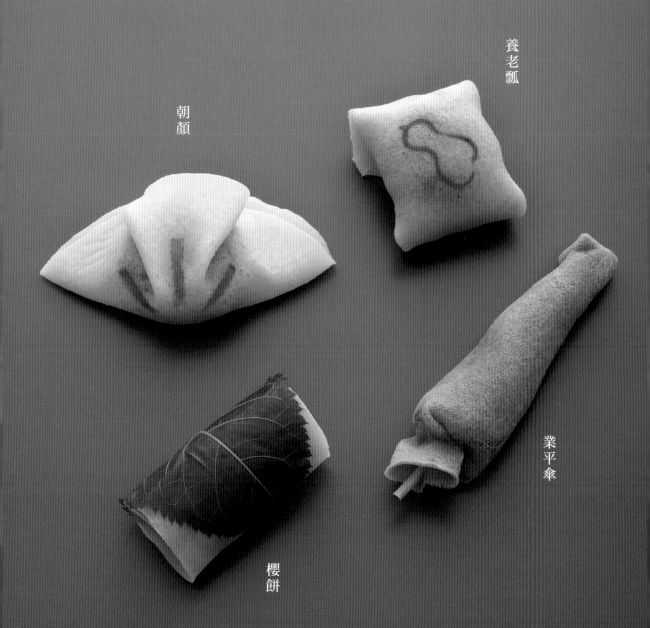

養老瓢

朝顔

業平傘

櫻餅

櫻餅

以會讓人聯想到櫻花的淡紅色外皮捲起豆沙餡，呈現關東風味。首先就從這個代表性的「以外皮包餡的和菓子」開始學習做法。外皮只需染上淡淡的色彩即可。若加熱太久則會讓顏色變深。

特別準備的器具

- 能測量約 70ml 的圓形湯勺
  （如果有銅鑼燒匙會更方便）

- 電烤盤
  （建議使用方形且沒有表面浮刻加工的烤盤）

材料（25 個分量）

低筋麵粉……200g

寒梅粉……30g

砂糖（上白糖）……60g

水……420 ～ 440ml

紅色食用色素……少量

豆沙泥（→ p. 86）……625g

芝麻油*¹……少量

醃漬櫻花葉*²……25 片

＊1 推薦使用香氣極佳的太白芝麻油，沒有的話也可以用沙拉油取代。

＊2 手抓住莖的部分朝上，以清水沖洗。擦乾後切除莖部。

將低筋麵粉、寒梅粉、砂糖一起過篩放入碗裡，接著倒入佔總分量約7～8成的水。

以打蛋器稍微混合攪拌，直到麵糊變得細緻滑順。

確認麵糊軟硬度，過硬的話則再加入些許水分，視情況調整。將打蛋器拿高，確認是否達到麵糊會迅速落下的程度。

紅色食用色素加水（分量外）調合，朝3加入1滴後混合攪拌。如果顏色太淡就再加入些許色素，視狀態進行調整。

◆ 由於加熱後顏色會變深，所以在這個步驟要注意讓顏色保持在偏淺狀態。

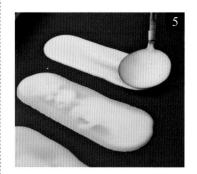

電烤盤加熱至140～150℃，塗抹上薄薄一層芝麻油。以圓形湯勺舀起約70ml的4，倒入烤盤畫出細長圓弧狀，利用湯勺的底部延展出長約20cm、寬約5cm的大小。

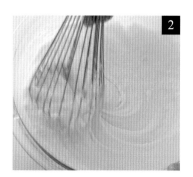

煎到麵糊出現透明感後就翻面，以相同方式煎熟。完成後，將先煎的那一面朝上放在鋪有烘焙紙的網上放涼。

◆ 因為要將先煎的那一面當做表面（外側），所以以相同方向擺放，才不會弄錯。

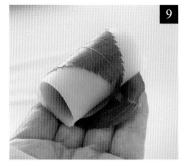

捏製成各25g的豆沙球共25個，接著放在濕布上滾成酒桶形。

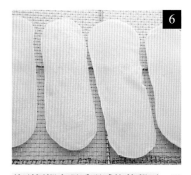

將6先煎的那一面朝下放置，7則是放在靠近自己的那一端，用手滾動捲起。

把鹽漬櫻花葉放在手心上，並放上捲好的8。捲完的接合處朝向前方，和櫻花葉的葉尖相貼後進行捲繞。

業平傘

關於名字的由來，有一說是來自《伊勢物語》，其外型是仿效如在原業平般出身高貴的人所撐的傘，為6月份的意趣。外皮加入了香氣十足的肉桂粉，內餡則是選用了紅豆香氣更為醇厚的顆粒豆沙餡。

做法

❶ 低筋麵粉、寒梅粉、砂糖、肉桂粉同時過篩放入碗裡，然後加入 7～8 成的水。接著按照 p.19 的「櫻餅」做法 ❷～❸ 來製作外皮。

❷ 電烤盤加熱至 140～150℃，塗抹上薄薄一層芝麻油。以圓形湯勺舀起約 70ml 的 ❶ 倒入烤盤，利用湯勺的底部延展成直徑約 14cm 的圓形。接著將一端延長，做成水滴狀，並按照「櫻餅」的做法 ❻，以相同方式煎好外皮後放涼。

❸ 捏製成各 25g 的豆沙球共 25 個，接著放在濕布上，以指腹滾動成三角錘狀。然後將 ❷ 的外皮先煎的那一面朝下擺放，內餡則是放在中央部分（a）。

❹ 從一端像畫弧般捲起（b）。較寬的那一端先扭一下（c），然後再稍微恢復原來模樣並壓緊，接著以竹籤筆直地插進去。最後再對摺另一端。

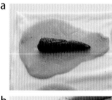

材料（25 個分量）

低筋麵粉……200g

寒梅粉……30g

砂糖（上白糖）……60g

水……420～440ml

肉桂粉……2g

顆粒豆沙（→ p.86）……625g

芝麻油*……少量

＊ 推薦使用香氣極佳的太白芝麻油，沒有的話也可以用沙拉油取代。

特別準備的器具

・能測量約 70ml 的圓形湯勺
  （如果有銅鑼燒匙會更方便）

・電烤盤
  （建議使用方形且沒有表面浮刻加工的烤盤）

・竹籤　25 根

朝顏

包覆內餡時外皮捏成皺褶狀，看起來就像是一早剛盛開的花朵（朝顏）。是以7月為意趣的和菓子。最後再使用竹籤以肉桂粉畫出直線，就能展現花朵的獨特風情。

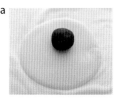
a

b

c

做法

❶ 按照 p.19 的「櫻餅」做法 **1**～**3** 來製作麵糊。

❷ 電烤盤加熱至 140～150℃，塗抹上薄薄一層芝麻油。以圓形湯勺舀起約 70ml 的❶倒入烤盤，利用湯勺的底部延展成直徑約 14cm 的圓形。按照「櫻餅」的做法 **6**，以相同方式煎好外皮後放涼。

❸ 捏製成各 25g 的豆沙球共 25 個，接著放在濕布上，以手掌壓平。將❷的外皮先煎的那一面朝下擺放，內餡則是放在中央稍微偏上方的位置（a）。

❹ 將近前方的外皮往上拉，於兩端做出皺褶（b），然後輕壓接合。

❺ 以竹籤較粗的那一端沾上肉桂粉，在中央和左右畫上細直線（c）。

材料（25 個分量）

低筋麵粉……200g

寒梅粉……30g

砂糖（上白糖）……60g

水……420～440ml

豆沙泥（→ p.86）……625g

芝麻油*……少量

肉桂粉……適量

* 推薦使用香氣極佳的太白芝麻油，沒有的話也可以用沙拉油取代。

特別準備的器具

· 能夠測量 70ml 的圓形湯勺
（如果有銅鑼燒匙會更方便）

· 電烤盤
（建議使用方形且沒有表面浮刻加工的烤盤）

· 竹籤

養老瓢

煎成圓形的外皮以袱紗方式包覆內餡，再烙上葫蘆形印記，為冬天的意趣。只要改變外皮顏色和印上的圖案，就能因應各個季節做出多種變化。混入豆沙的外皮則保留了濕潤的口感。

特別準備的器具

- 能測量約70ml的圓形湯勺
  （如果有銅鑼燒匙會更方便）

- 電烤盤
  （建議使用方形且沒有表面浮刻加工的烤盤）

- 葫蘆模框
  （烙印模也可以）

材料（25 個分量）

低筋麵粉……200g

寒梅粉……30g

砂糖（上白糖）……60g

水……420 ～ 440ml

豆沙泥（→ p.86）……645g

芝麻油*……少量

肉桂粉……適量

＊推薦使用香氣極佳的太白芝麻油，沒有的話也可以用沙拉油取代。

另一端也朝內摺起，將兩側外皮工整對摺。

將剩下的豆沙泥分成各 25g，揉成共 25 個豆沙球，再用手稍微按壓成平坦狀態。接著把 3 的外皮先煎的那一面朝下擺放，內餡則是放在中央位置。

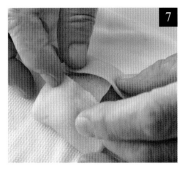

碗裡放入 20g 的豆沙泥，加入少許分量內的水，以打蛋器混合。

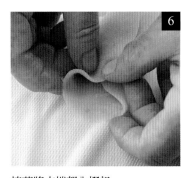

將摺起的那一面朝下放置。

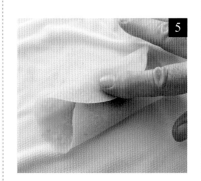

將外皮的上下端往上拉，包覆內餡。

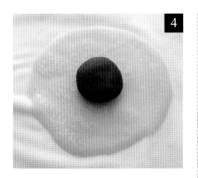

將粉類和砂糖同時過篩倒入 1，倒入剩餘的水 7 ～ 8 成的量。然後按照 p.19 的「櫻餅」的做法 2 ～ 3 製作麵糊，輕輕地混合攪拌即可。

葫蘆模框（或是使用烙印模）沾上肉桂粉，朝 8 按壓出印記。

◆ 肉桂粉用棉布包起來，然後用模框從上方沾取適量肉桂粉，這樣就能印出漂亮清晰的圖案。

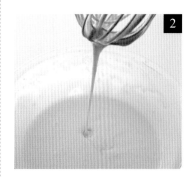

接著將末端朝內摺起。

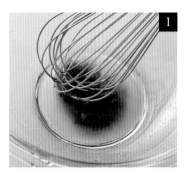

電烤盤加熱至 140 ～ 150℃，塗抹上薄薄一層芝麻油。以圓形湯勺舀起約 70ml 的 2，筆直地倒在烤盤上，利用湯勺的底部延展成直徑約 14cm 的圓形。按照「櫻餅」的做法 6，以相同方式煎好外皮後放涼。

道明寺粉外皮的和菓子

道明寺粉就是將糯米泡水後蒸熟乾燥的粉末。據說是源於大阪的尼姑庵——道明寺，在製作保存食「糒」時會用到，所以才會得到這樣的名稱。

因為含有水分，所以即使蒸煮過後仍能保有彈性和糯米風味，具備滑嫩彈牙的獨特口感。如果想在保留部分顆粒口感的前提下，品嘗更精緻的口感，就要使用將糯米磨製成六分之一大小（六割）的規格。這項原料在製菓材料行就有販賣，請務必要試著找找看。

道明寺粉搭配上豆沙餡的滋味更是絕妙，其中最具代表性的就是關西風格的櫻餅。其他還有到了初春時節不將道明寺粉染色，而是以山茶花的葉子包覆的「椿餅」。一提到道明寺粉，通常直覺就會聯想到這兩種和菓子，但其實也有更多五花八門的種類。接下來要介紹的就是在初夏和晚秋時會登場的和菓子。在將麵團成形的階段，有些會加入冰糯米粉來營造不同的變化。

讓麵團成形的三種原料

由於道明寺粉吸收越多水分就會變得越軟爛，直接以手碰觸就無法捏製出好看的外型。需視各種和菓子的情況作判斷，調整水分、冰糯米粉和粉末的比例來揉製麵團。

選用細顆粒的道明寺粉

道明寺粉有各種顆粒尺寸，在這裡選用的是能提升風味，還能感受糯米口感的六分之一的顆粒大小。由於粉末容易吸收水氣，所以要放入密閉容器中並加上乾燥劑保存。

茶會上善用冰糯米

冰糯米是製作茶會和菓子的便利好幫手。如果是像道明寺粉或葛粉那樣水分一多就會變得黏稠的和菓子，只要將冰糯米磨碎後附著在底下，就不需要再放上懷紙。充分展現對客人的體貼之意。

注意不要產生結塊

雖然道明寺粉是屬於「乾燥食品」，但由於原料是糯米，所以很容易吸收水分。為了避免出現結塊情形，首先將一半的水加入粉末中，等到整體都確實混合溶解後，再加入剩餘的水分攪拌。

櫻餅

薫風

木實餅

材料（20 個分量）

道明寺粉*¹……200g

砂糖（上白糖）……120g

水……300ml

紅色食用色素……少量

豆沙泥*²（→ p.86）……500g

醃漬櫻花葉*³……20 片

＊1 顆粒較細的粉末（六分之一）。

＊2 做出 25g 的豆沙球共 20 個。

＊3 手抓住莖的部分朝上，以清水沖洗。擦乾後
　　切除莖部。

櫻餅

櫻餅是以道明寺粉外皮包覆內餡的代表性和菓子，充滿關西風情。由於道明寺粉製成的外皮相當柔軟，所以在加入水後要以手指謹慎地塑形。要是使用手掌揉捏麵團，就會沾黏得到處都是。

桌面鋪上烘焙紙，將 **6** 分成 4 等分。手沾濕後將麵團揉成條狀，然後從一端分割成各 30g 重，總共分成 20 等分，並稍微搓成球狀。

◆ 由於麵團會黏手，所以手要先沾水弄濕再進行這個動作。而為了讓各位在家中也能順利包餡，將麵團稍微捏製得大一些。

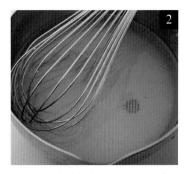

將 **7** 放在手上，趁熱以指尖將邊緣弄薄，延展成直徑約 6cm 的圓形，然後再放上豆沙球。

◆ 因為使用手掌按壓會黏手，所以務必使用指尖來進行這個動作。

按照 p.33「萩餅」的做法 **11** ～ **16** 來包餡並做成酒桶形。最後再以鹽漬櫻花葉捲起。

煮沸後關火，以餘溫讓粉末完全吸收水分。

蒸鍋鋪上烘焙紙後放入麵團，中央的部分稍微弄出凹陷。冒出蒸氣後蒸煮約 20 分鐘。

◆ 這邊要注意的是蒸煮的基本常識——將蒸氣不容易通過的中央部分弄薄，這樣才能讓整個麵團的蒸氣受熱程度均勻一致。

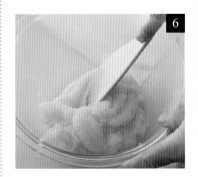

趁熱連同烘焙紙一同取出，將麵團放入碗裡。接著將木鏟以水沾濕，稍微攪拌以去除蒸煮時產生的結塊。

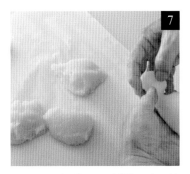

鍋裡放入砂糖和一半的水攪拌溶化。然後加入道明寺粉，以打蛋器仔細攪打，接著倒入剩餘的水混合。

◆ 如果一開始的水分太多，容易導致道明寺粉結塊，所以一開始先加入一半的水量混合即可，之後再加入剩餘的水量。

紅色食用色素加水（分量外）調合，朝 **1** 倒入 1 滴後攪拌均勻，若是顏色太淡就再加入少量色素調整。

開小火，不時混合攪拌使其吸收水分。

薫風

從櫻餅衍生出的和菓子。染成淡綠色的外皮包覆著白豆沙，吹著涼爽薰風的5月和菓子。周圍沾附上冰糯米，除了能在捏製柔軟麵團時較容易操作，還會讓人留下燦爛的印象。

做法

❶ 按照 p.27「櫻餅」的做法 **1**～**4** 製作外皮。在做法 **2** 則是以綠色食用色粉取代紅色食用色素來上色。

❷ 按照「櫻餅」的做法 **5**，以相同方式放入蒸鍋內。

❸ 將網眼較大的濾篩放在托盤上，再放上冰糯米，以手掌從上到下垂直施力將其弄碎（a）。

◆ 由於冰糯米的質地細緻，以手掌摩擦後有可能會出現細微破損，所以要特別注意。如果手邊沒有網眼較大的濾篩，也可以使用起司刨絲器代替。

❹ 等到❷蒸煮完成後，按照「櫻餅」的做法 **6**，以相同方式進行。麵團分割成4等分後分別放在❸的托盤上，將上方沒有沾附冰糯米的那一面朝內側摺起並捏製成條狀（b）。

❺ 麵團從一端分割成各30g的大小，總共分成20等分，表面沾附上冰糯米並揉成圓球狀。接著放在手掌上壓平，放上豆沙球（c），然後按照 p.5 做法來包餡。

材料（20個分量）

道明寺粉*¹……200g

砂糖（上白糖）……120g

水……300ml

食用色粉（綠）……少量

白豆沙*²（→ p.94）……500g

冰糯米……適量

＊1 顆粒較細的粉末（六分之一）。

＊2 做出 25g 的豆沙球共 20 個。

特別準備的器具

・網眼較大的濾篩（4網目）

木實餅

外型看起來就像深秋的 11 月傍晚，樹枝上唯一殘留的樹木果實。外皮熟成的顏色，是混合豆沙所營造出的自然效果。使用粉類來捏製柔軟外皮的方法。

做法

❶ 碗裡放入 60g 的豆沙餡，倒入一半的水混合。接著加入砂糖並攪拌，再加入道明寺粉仔細攪拌避免出現結塊。然後倒入剩下的水均勻混合。

❷ 按照 p.27「櫻餅」的做法 ③ ～ ⑤ 來製作麵團，並放入蒸鍋內。托盤鋪滿手粉。

❸ 蒸煮完成後，按照「櫻餅」做法 ⑥ 以相同方式進行。麵團分割成 4 等分後分別放在 ❷ 的托盤上，將上方那一面朝內側摺起並捏製成條狀。

　◐ 由於加入豆沙的麵團不容易降溫，所以要先放置一段時間。

❹ 麵團從一端分成各 30g 的大小，總共分成 20 等分，於表面沾附手粉並揉成圓球狀。接著放在手掌上壓平，放上豆沙球（a），接著按照 p.5 做法包餡並揉圓（b），最後將下方稍微弄平，腰部往上提。

❺ 將多餘的粉類拍掉。確實加熱鐵串，在頭部位置烙上十字印記（c）。

材料（20 個分量）

道明寺粉*1……200g

砂糖（上白糖）……120g

水……300ml

豆沙泥*2（→ p.86）……560g

手粉（同分量的上用粉和片栗粉混合）
　……適量

＊1 顆粒較細的粉末（六分之一）。

＊2 將 500g 的分量，分成 20 個各 25g 的豆沙球。

特別準備的器具

・鐵串
　（也可以使用烤肉用的鐵串）

凸顯豆沙純粹風味的和菓子

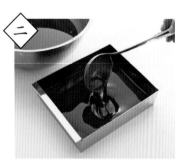

和菓子的「豆沙」是關鍵，豆沙的味道左右著和菓子本身的美味程度。這個部分本書在第84頁有詳細介紹蒸煮豆沙的方式，請各位讀者務必試做看看充滿紅豆香醇風味的岬屋流豆沙。相信一定能夠感受到其濃厚而深邃的風味。

接著要特別來介紹四種能品嘗到豆沙純粹風味的和菓子。其中包括了外層以豆沙包覆的做法、將加入豆沙的寒天冷卻凝固的做法，以及經過蒸煮製成的各種類型，每一種和菓子都具有回味無窮的絕妙滋味。

完美成功的三大重點

一

使用去除水分、質地偏硬的豆沙

本書所使用的，都是去除一定程度的水分後，能夠品嘗到紅豆豐富滋味的豆沙。因為整體狀態偏硬，才能像「萩餅」那樣包裹在外層，或是添加水分做出美味的「水羊羹」。

二

因為豆沙的比重較重要注意不能出現分離現象

例如「水羊羹」，在將豆沙加入水中稀釋並凝固時，要注意是否出現「分離現象」。由於豆沙比重較重容易往下沉，所以要隔著冰水降溫到一定程度，等到形成容易凝固的狀態後再倒入模具內。

三

蒸煮時不要讓豆沙變乾

經過蒸煮製成的和菓子在放涼時，水分會隨著蒸氣揮發，而容易變得乾燥。不要刻意急速冷卻而要自然等待降溫，然後再次加入適當的水分至麵團中，或是以蓋上竹皮等方式避免變乾。

材料（18 個分量）

糯米……200g

水……500ml

喜歡的豆沙*……540g

* 從顆粒豆沙（→ p.86）、豆沙泥（→ p.86）、
白豆沙（→ p.94）中挑選自己喜歡的豆沙種
類。

← 下接 p.32

| 一整年 |

萩餅

萩餅的好滋味在於能夠品嘗美味糯米芯
和豆沙豐富的風味。米粒附著在一起的彈
牙口感，以及米粒所散發出的甜味，這些
都是米芯帶來的味覺效果。

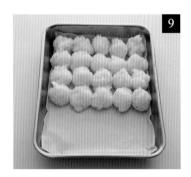

將喜歡的豆沙捏製成各 30g 的圓球（這裡使用了顆粒豆沙、豆沙泥和白豆沙，共三種豆沙）。

糯米蒸好後，使用沾了水的飯匙將糯米連同烘焙紙一起取出，移入碗裡。

● 很燙，要注意不要燙傷。

糯米清洗後瀝乾水分，連同 300ml 的水放入鍋內靜置一晚吸收水分。然後以濾網去除水分。接著放入鍋內，再倒入剩餘的水。

● 為了確保米芯的口感，不要混入其他的米，僅使用糯米製作。

手沾濕，拿起一塊 6 捏製為條狀。然後以單手握住，利用大拇指與食指之間捏擠出一顆球型並拔除。

研磨棒沾水弄濕，將糯米搗成還有一半留有顆粒的狀態，稱為「半殺」。糯米分量不多時，也可以直接使用飯匙搗米。

開中火以木鏟邊攪拌邊炊煮。水分變少就轉小火，為避免燒焦要持續攪拌，煮到蒸氣都消失就關火。

● 糯米在加熱時還是能保有水分，所以才能蒸煮出有彈性的口感。

調整為各 25g 的大小，放置等待完全冷卻。

桌面鋪上烘焙紙，將 5 分成小分量擺放，稍微放涼至感覺不燙手的狀態。

蒸鍋內鋪上大布巾或大張烘焙紙，放入 2 並將中央部分稍微弄凹。在冒出蒸氣的蒸鍋中蒸煮約 20 分鐘。

上下翻轉將接合處朝下，放在掌心轉動調整成橢圓形。

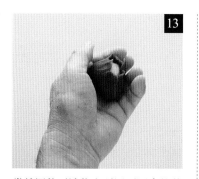

當外層的豆沙往上延展至圖中的狀態後就停止轉動，改為以手指輕壓糯米。

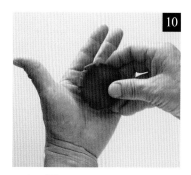

手拿取 **7** 的豆沙球（圖為豆沙泥）搓圓，接著以手掌壓平展成直徑約 6cm 的大小。

用左手托住，右手的大拇指和食指擺成 V 型，以右手大拇指靠著左手大拇指的根部。

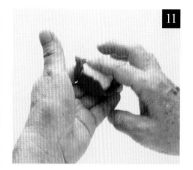

在 **10** 上放上 **9**，用右手將糯米往下壓，左手則是稍微將豆沙弄成凹陷狀，呈現豆沙包覆糯米的狀態。此時的狀態尚能看得見糯米。

◆ 按本書做法製成的豆沙，都是水分已經蒸發後的偏硬狀態，所以徒手就能包覆糯米。

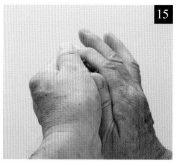

逆時針方向轉動，同時以兩指抓住外層的豆沙部分。以指尖輕捏將開口處接合。

利用右手的食指和中指輕壓糯米的同時，以順時鐘方向轉動，外層的豆沙則是要一點一點地往上拉，去延展豆沙。

水羊羹

入口的清涼感，以及在口中漫延開來的紅豆風味，堪稱夏季的代表性和菓子。可放在有設計感的玻璃盤上，享受一人份的涼爽凝固甜食。

使用市售的羊羹
簡單做出水羊羹！

家裡有吃剩的羊羹贈禮，不知道各位是否都曾有過這樣的經驗呢？這個時候就要推薦各位拿來製作簡單的水羊羹。在鍋中放入切好的羊羹，接著倒入與羊羹相同分量的水，開火混合攪拌煮至融化。然後依喜好加入砂糖，以及佔羊羹加上水的總重量 0.1% 的鹽混合，再按照 p.35 的做法 5 ～ 9 ，以相同方式做出水羊羹。簡單就能完成這種放入口中十分滑嫩、非常好入口的水羊羹。

材料（21×17×4.7cm 的模具 1 個分量）

寒天絲（凝固力為 450）＊……7g

水……875ml

砂糖（上白糖）……190g

豆沙泥（→ p.86）……700g

鹽……1.5g

＊一般來說寒天絲的凝固力（黏度）為 450，寒天條強度為 350，寒天粉則是會因為不同廠商而有所差異，所以最好是選用寒天絲。

特別準備的器具

・21×17×4.7cm 的模具
（用來製作雞蛋豆腐等，有切割器的模具）

玻璃器皿／草田正樹

將豆沙泥分成小分量放入鍋內，以打蛋器混合攪拌融解。

◆ 店裡也會使用顆粒豆沙，不過在這裡是為了方便在家中製作，所以介紹的是豆沙泥的做法。

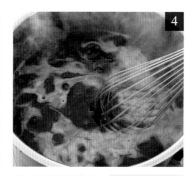

鍋裡放入 **1** 開中火，攪拌至完全融化。接著加入砂糖和鹽混合均勻。

◆ 如果在寒天沒有完全融化前就加入砂糖，寒天就無法再融化，會影響之後成品的口感。所以一定要好好確認。

將寒天絲浸泡在大量的水（分量外）中5小時以上，使其吸收水分，然後以濾網去除水分。

底下隔冰水，用飯匙慢慢地混合攪拌至溫度降到40℃左右。要注意碰觸到冰塊的外側會先開始凝固。

◆ 寒天液和豆沙的比重不同，為了避免出現分離現象，要混合攪拌降溫至一定程度後再倒入容器內。

碗裡放上濾網後倒入 **4**。一滴不剩地全都倒入，確實過篩。

煮至沸騰就關火。確實煮沸的動作，能讓砂糖和豆沙顆粒融為一體。

◆ 標準是重量到達 1700g 就關火。要是重量不足，就再加水煮至沸騰。

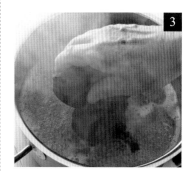

握住兩旁，將底盤從模具中取出，然後拿掉切割器。

拿掉保鮮膜並放上切割器，以兩手均勻施力，垂直往下壓。

以圓形湯勺舀入模具內。消去泡沫後，**不需要覆蓋保鮮膜直接靜置於常溫下即可**。等待約 30 分鐘，確認凝固後再覆蓋保鮮膜放入冰箱冷藏。

特別準備的器具

· 耐熱的布丁杯（90ml）

· 竹皮

（要準備配合布丁杯底部直徑裁剪而成
的圓形12片，以及比口徑稍小的圓形
12片）

材料（90ml 的布丁杯 12 個）

豆沙泥（→ p.86）……500g

低筋麵粉……50g

蕨粉*¹……10g

水……20ml

栗子甘露煮……12 粒

栗子甘露煮的糖蜜*²……

　　100 ～ 120g

＊1 可使用葛粉代替。若使用葛粉就要
　　增加分量至蕨粉的 1.5 倍（15g）。

＊2 若是使用市售豆沙，由於質地較軟
　　所以要減少糖蜜用量。

栗蒸羊羹

秋天豐收的果實——栗子風味。吃進嘴裡的Q彈口感，加上隨之而來在口中擴散的豆沙滋味。栗蒸羊羹就是能一次品嘗到兩種味覺效果的和菓子。為了方便在家製作，將介紹使用布丁杯製作的方法。

於蕨粉（或是葛粉）中加入分量內的少許水，以手指混合均勻溶解。剩餘的水則是先用來去除手指上的蕨粉後，再倒入碗裡。

碗裡放入豆沙泥，將低筋麵粉過篩加入。

用手指抓揉，不要讓粉末顆粒殘留，搓揉豆沙的同時讓其產生**黏性**（**麩質**）。

● 這個動作是美味的關鍵。搓揉出黏性能提升口感，蒸煮後可做出彈牙口感。

搓揉完成後的狀態，**輕壓就能成形**。

用手指將 1 混合均勻，接著倒入 4 中，以手抓揉調合整體。

先加入栗子甘露煮一半的糖蜜。

● 栗子甘露煮的糖蜜能和栗子相互調合，展現醇厚的風味。

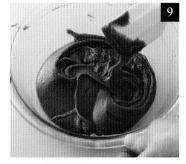

持續抓揉混合至整體無結塊的狀態。

一邊觀察豆沙的軟硬度，一邊將剩餘的糖蜜分次加入混合攪拌。視豆沙的軟硬度來增減糖蜜的分量。如果糖蜜分量不足也能以水代替。

攪拌至出現光澤即為確實混合均勻的證據。當豆沙出現光澤，且舀起再落下時不會凸起而是表面平坦的狀態，就可以停止動作。

← 下接 p.38

蒸煮完成。將捲曲的竹皮弄平貼合後靜置放涼。

◆ 蒸煮好的成品會因為冒熱氣而容易變乾,所以要蓋上竹皮避免變乾。要是沒有竹皮,也可以使用保鮮膜覆蓋。

布丁杯底下鋪上和底部直徑相符的竹皮,接著以湯匙舀起 9,倒入布丁杯約一半的高度。

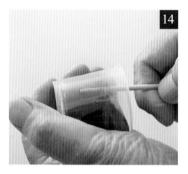

以竹籤較粗的那一端插入杯子和栗蒸羊羹的空隙處,將空氣擠入底部使其分離。將布丁杯倒過來,取出栗蒸羊羹。

放上栗子甘露煮並輕壓。

◆ 購買甘露煮時建議選用日本產栗子,能做出口感濕潤又美味的成品。

盛入 9 將栗子整個覆蓋住,以湯匙背面弄平表面。然後放上口徑較小的竹皮,放入有蒸氣冒出的蒸鍋內蒸煮約 30 分鐘。

特別準備的器具

· 網眼較大的濾篩（4 網目）

· 直徑 4.2cm、高 3cm 的耐熱杯
（選用有弧度的款式。這裡是使用容
量 350ml 的容器。能夠以茶杯代替）

材料（25 個分量）

蛋黃⋯⋯2 個

白豆沙（→ p.94）⋯⋯600g

豆沙泥（→ p.86）＊⋯⋯500g

寒梅粉⋯⋯8g

＊ 捏製出 20g、2.5cm 的條狀，總共 25
條。

| 一整年 |

黃味時雨

也可以寫作「黃身時雨」或「君時雨」
的和菓子。淡黃色的蛋黃豆沙外皮呈整
齊龜裂，隱約可見裡面的黑色豆沙餡，
展現蒸煮後的完美姿態。融化在口中的
餘香持續擴散。

用手揉拌，混合均勻。

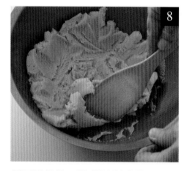

以橡膠刮刀將整體抹平。將中央部分弄得稍微薄一些。在冒出蒸氣的蒸鍋內蒸煮約 20 分鐘。

◆ 為去除蛋腥味，只先蒸煮蛋黃白豆沙的麵團。

碗裡放入白豆沙和蛋黃，以手抓揉至混合均勻的狀態。

麵團變軟後，將其貼緊碗緣延展，再弄成一整塊的狀態。重覆相同動作，讓水分消失並持續混合攪拌。結束後以木鏟將麵團塑形成一整塊。

當麵團膨脹、表面出現裂痕，就表示蒸煮完成。連同烘焙紙取出，放在網上自然降溫。將手放在烘焙紙下確認是否完全冷卻。為了讓水分能適度蒸發，不使用急速冷卻的做法。

不時從底部翻攪，讓空氣進入，呈現蓬鬆的狀態。

在桌面放上網眼較大的濾篩，舀起部分的 8 放在濾篩上，以木鏟下壓並前後移動。由於前後移動的摩擦動作容易導致麵團龜裂，所以要刻意垂直下壓讓磨碎部分直接落下。

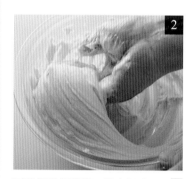

將 5 的麵團移至碗內，加入寒梅粉。

蒸鍋內鋪上烘焙紙，使用橡皮刮刀分次舀起 2，呈山形狀疊起。

◆ 比起將麵團集中放置在一處，這樣的做法能讓麵團在進行下個步驟時，較快達到均勻效果。

利用凸出的碎屑完全覆蓋住豆沙泥。單手拿著杯子，另一隻手則朝杯側敲擊，讓杯子和麵團之間產生縫隙。

將布巾弄濕擰乾後擦拭杯子內側。以刮板舀起 **9** 的碎屑盡量塞滿杯內，到稍微凸出杯外的程度。

◆ 由於內側邊緣有稍微弄濕，所以很容易就能將麵團取出。

蒸鍋內鋪上烘焙紙，將 **13** 從容器中取出，上下翻轉倒著擺放。排列時要留有間距，於冒出蒸氣的蒸鍋中蒸煮約 10 分鐘。

◆ 蒸煮過後的膨脹程度會比想像中還要大，所以一定要留有間距。

以手指於中央挖出凹洞，但是要留有底部。

蒸煮好的成品。表面因為蒸氣而膨脹裂開，所以能看到內餡。直接靜置，待降溫後再取出。

◆ 會裂開就是蒸氣有確實上升，麵團因為熱氣而膨脹的證據。要使用密閉度較高的蒸鍋。

將 1 條豆沙泥放入 **11** 的凹洞中。

使用葛粉製作的和菓子

葛粉原先是指把從葛根中萃取出的澱粉精煉後的產物。加熱後會變成稍微混濁的白色，且帶有透明感的滑嫩Q彈狀態。再加上葛粉遇冷會凝固，所以時常會用於製作各式各樣的和菓子。但因為數量稀少而價格高昂。雖然現在的「葛粉」大多都是使用馬鈴薯和番薯澱粉製成的混合粉末，但如果可以的話，還是會想使用100%的葛粉（本葛粉）來製作和菓子。請各位一定要親自品嘗看看葛根的風味和獨特的彈牙口感。

為了讓各位能夠單純享受葛粉的美味，接著要來介紹簡單的葛饅頭和各種變化方式，以及葛燒。葛饅頭於溫暖的季節品嘗，大概是5月到9月。在店裡是直接用手包覆內餡，但是這個手法在家中不好操作，所以會介紹使用杯子製作的簡單方式。

加了葛粉的麵團，還可以染色或改變外型，有許多延伸變化的方式。請各位也務必下點工夫體驗其中的樂趣。

完美成功的四大重點

開火加熱的兩階段變化

葛粉受熱後會讓原先的形體產生流動感，而為了固定形體，則需要讓葛粉完全受熱的蒸煮步驟。第一階段會變成混濁的白色（右），而蒸煮完成後則會帶有透明感（左）。

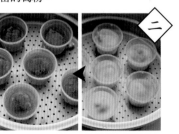

葛粉要先加水溶解

葛粉為晾乾後的固體狀態，首先要放入水裡使之充分溶解。為了不要產生結塊，先將一半的水量倒入濾網，等到葛粉幾乎都溶解後，再以剩下的水沖洗濾網中殘留的葛粉。

完美放入豆沙餡的方法

這裡要說明製作葛饅頭時，如何將豆沙餡放入正中央的訣竅。先以前端較細的筷子插入豆沙球，然後放入葛粉團中，再利用手指輕輕地將筷子抽出。由於凹洞會在下側位置，所以不必太在意。

蒸煮時要覆蓋布巾

為避免蒸煮過程中有水滴從蓋子上低落，所以一定要覆蓋布巾。如果是放在碗裡蒸煮就要蓋住整個碗。而蒸煮葛饅頭時，要注意一定要將布巾綁緊在蓋子上。

新緑

霰

葛燒

紫陽花

葛饅頭

特別準備的器具

· 耐熱的布丁杯（90ml）

· 有深度的濾網

　（建議使用味噌濾網）

材料（90ml 的布丁杯 16 個）

本葛粉……100g

砂糖（上白糖）……200g

水……450ml

豆沙泥（→ p.86）……400g

櫻花葉……16 片

半透明的葛粉團中透出內餡，醞釀出涼爽風情的和菓子。為了讓各位方便在家中製作，此處要介紹的是使用布丁杯的做法。將葛粉的固態感和柔和晃動感做出完美結合。另外也會介紹適合在春天品嘗，利用櫻花做出變化的和菓子。

5月
6～8月
9月

葛饅頭

玻璃器皿／草田正樹

等到質地變得柔軟，就換成打蛋器繼續仔細攪拌。

鍋子開中火加熱，並以木鏟混合攪拌使其受熱，等到開始凝固就轉小火，加熱至8成固體狀就關火。

每個豆沙球重量控制在25g，總共分成16個。然後各自搓圓，放在手掌上輕壓捏製成直徑3～3.5cm的圓盤狀。

◐ 豆沙球要比布丁杯的尺寸再小上一圈。

將打蛋器拿高，如果麵糊迅速落下就表示完成。

◐ 倒入杯中時能滑順落下的柔軟狀態。

確實混合攪拌，利用餘溫讓整體受熱。

◐ 這樣就不會產生結塊，整體都均勻受熱。

鍋中放入深度較深的濾網，放入本葛粉，接著倒入一半的水。

用湯匙將 8 倒入杯子一半的高度。接著以筷子插入 1 的豆沙球再放入杯中，輕壓讓其下沉。

分次加入少許事先取出的 3 ，每次皆以木鏟攪拌均勻。

浸在水中，利用手指將水中的葛粉搓揉溶解，邊朝濾網倒入剩餘的水，目的是將殘留於濾網上的葛粉過濾。加入砂糖以木鏟仔細攪拌，然後取出一半的分量放入其他的碗裡備用。

← 下接 p.46

倒過來讓空氣進入底部，取出後放在櫻花葉上。

蒸煮完成。葛粉會變成透明狀。取出後置於常溫下放涼。

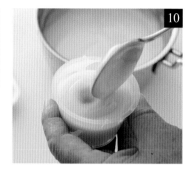

倒入 8 ，直到將豆沙球完全覆蓋。

冷卻後以竹籤沿著杯緣插入。

蒸鍋開火直到開始冒出蒸氣後，將 10 擺放進去。蒸鍋和鍋蓋之間要夾住一條布巾，然後蒸煮 12 ～ 13 分鐘。

變換意趣，穿上春裝

只要為「葛饅頭」添入醃漬櫻花，就能呈現截然不同的氛圍。而且做法大致相同，不同的地方在於需要用水去除醃漬櫻花的鹽分，擦乾後將櫻花附著在豆沙球上，之後再將有櫻花的那一側朝下放入杯中。從葛粉團中透出朦朧的櫻花，可說是充滿幻想風情的春天和菓子。

霙

將「葛饅頭」做成充滿7月氛圍的和菓子。只要將葛粉和道明寺粉混合，就能在炎熱季節裡營造出視覺上的涼爽效果。不過道明寺粉容易產生結塊，所以製作時要特別注意。

做法

❶ 按照 p.45～46「葛饅頭」的做法 **1**～**5**，以相同方式進行。

　◆ 由於道明寺粉的吸水能力強，所以比起其他種類的葛饅頭要再多加一些水量。

❷ 取出一半的麵糊倒入另一個碗裡，然後分次加入少許道明寺粉並混合攪拌（a）。

　◆ 這裡使用的是顆粒較細的道明寺粉，如果是使用顆粒較大的道明寺粉，那就要將用量減少一些。

❸ 按照「葛饅頭」的做法 **6**～**14**，以相同方式進行。

材料（90ml的布丁杯16個）

本葛粉……100g

砂糖（上白糖）……200g

水……500ml

豆沙泥（→p.86）……400g

道明寺粉（細粉）……30g

櫻花葉……16片

特別準備的器具

・耐熱的布丁杯（90ml）

・深度較深的濾網（建議使用味噌濾網）

雨中紫陽花

紫陽花

紫陽花

只要將「葛饅頭」的內餡換成染成紫色的白豆沙，就變成了紫陽花。底部沾上冰糯米，用來取代不容易附著的懷紙。若再朝整體撒上冰糯米，看起來就像是被雨水沾濕的紫陽花。

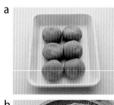

a

b

做法

❶ 將紫色色粉加少量的水（分量外）調合。碗裡放入白豆沙，然後分次加入 1 滴的色粉並用手混合攪拌，直到呈現淡紫色狀態。接著分割成各 25g 的大小，共16 個。各自搓圓放在手掌上輕壓，展成直徑 3 ～ 3.5cm 的圓盤狀（a）。

❷ 按照 p.45 ～ 46「葛饅頭」的做法❷～❽，以相同方式製作麵團。做法❾～❿則是放入❶的紫色豆沙來取代原本的豆沙球，接著按照⓫～⓬的做法，以相同方式蒸煮。

❸ 將網眼較大的濾篩放在托盤上，用手將冰糯米筆直朝下按壓磨碎（b）。

◆ 或是以起司刨絲器來磨碎。

❹ 按照「葛饅頭」的做法⓭～⓮，將❷從杯中取出。接著將「紫陽花」放在❸的托盤上，讓底部附著上冰糯米。「雨中紫陽花」則是將整體沾附冰糯米。

材料（90ml 的布丁杯 16 個）

本葛粉……100g

砂糖（上白糖）……200g

水……450ml

白豆沙（→p.94）……400g

食用色粉（紫）*……少量

冰糯米……適量

＊ 可用紅色 10：藍色 1 的比例混合代替。

特別準備的器具

・耐熱的布丁杯（90ml）

・深度較深的濾網（建議使用味噌濾網）

・網眼較大的濾網（4 網目）

新綠

將葛粉染色就能營造出完全不一樣的風情。在這裡是染成綠色，表現初夏的美好新生綠意。為了視覺上的色彩效果而使用白豆沙內餡，從綠色外皮中透出的模樣，多了幾分舒爽感。

a

b

做法

❶ 將白豆沙分割成各25g的大小，共16個。各自搓圓後放在手掌上輕壓，展成直徑3～3.5cm的圓盤狀（a）。

❷ 綠色色粉加入少量的水（分量外）調合。按照p.45～46「葛饅頭」的做法❷～❽來製作麵團，然後分次加入1滴的色粉並混合攪拌，直至呈現淡綠色狀態。

❸ 按照「葛饅頭」做法❾～❿，放入❶的白豆沙（b）來取代原本的豆沙球。接著按照⓫～⓬的做法，以相同方式蒸煮。最後按照做法⓭～⓮，從杯中取出。

材料（90ml的布丁杯16個）

本葛粉……100g

砂糖（上白糖）……200g

水……450ml

白豆沙（→p.94）……400g

食用色粉（綠）*……少量

＊ 可用黃色10：藍色1的比例混合代替。

特別準備的器具

· 耐熱的布丁杯（90ml）

· 深度較深的濾網（建議使用味噌濾網）

葛燒

將攪拌均勻的葛粉團煎烤，是適合在春天和秋天品嘗的和菓子。還能於葛粉中加入豆沙混合，做成羊羹葛燒。不需要在煎好後馬上食用，能夠放入弧形瓦帕便當盒或重盒中保存。

製作羊羹葛燒

材料（21×17×4.7cm的模具1個分量）

本葛粉⋯⋯95g

砂糖⋯⋯190g

豆沙泥（→p.86）⋯⋯310g

水⋯⋯440ml

手粉（上用粉3：片栗粉2的比例混合）

⋯⋯約200g

做法

按照 p.51「葛燒」的做法 1 製作麵團，再加入砂糖和豆沙泥，之後的步驟則是完全相同。

材料（21×17×4.7cm的模具1個分量）

本葛粉⋯⋯130g

砂糖（上白糖）*⋯⋯325g

水*⋯⋯585ml

手粉（上用粉3：片栗粉2的比例混合）

⋯⋯約200g

＊砂糖為本葛粉的 2.5 倍、水為本葛粉的 4.5 倍，要牢記這樣的比例。

特別準備的器具

・21×17×4.7cm 的模具

（用來製作雞蛋豆腐等，有切割器的模具）

・魚板壓板

・電烤盤

（建議使用四方形且沒有表面浮刻加工的烤盤）

1 按 p.45～46「葛饅頭」的做法 **2**～ **8** 製作麵團。在做法 **3** 時麵團不需預留分量至其他碗裡，將全部的麵團倒入鍋中加熱並攪拌均勻。接著移至碗裡以橡膠刮刀攪拌。

◐ 製作「羊羹葛燒」時只要將砂糖和豆沙一起放入即可，之後的做法則相同。

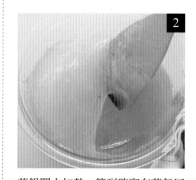

2 蒸鍋開火加熱，等到確實有蒸氣冒出後，再把 **1** 連同碗一起放入。碗上要有布巾覆蓋，蒸煮 30 分鐘。完成後將碗取出，趁熱以木鏟混合攪拌，去除結塊。

◐ 碗很燙，要隔著乾布巾拿取。

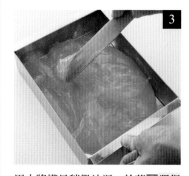

3 用水將模具稍微沾濕。趁著 **2** 還很燙的時候倒入，然後將整個表面抹平。

◐ 會呈現黏稠、不太好舀起的狀態。由於不是很好將表面弄平，所以要使用飯匙推擠至各個角落。

4 立刻將整體都撒上手粉，直接用手迅速將粉末塗抹均勻。接著使用刮板前端以按壓方式將表面弄平。

5 再使用魚板壓板等器具按壓整體，將麵團弄平整，然後置於常溫下等待完全冷卻。

◐ 若壓板帶有握把，在使用上會十分方便。

6 將模具放在桌上，撒上大量手粉。以刮板插入各邊製造出空隙並撒上手粉，以便脫模。

7 將切割器放在模具上，接著再放上壓板等器具輔助，從上往下筆直插入。最後用手將切割器下壓到底。

◐ 使用壓板可以讓下壓力量一致，讓切割器能夠筆直地向下插入。

8 朝切割器和麵團之間撒上手粉，邊將切割器取出。桌面撒上大量手粉，將麵團從模具內慢慢取出放在桌面上。將所有麵團的每一面都抹上手粉，接著放在托盤上，以毛刷將多餘的粉末去除。

9 電烤盤設定為 120～140℃，將 **8** 的上方朝下擺放乾煎。使用毛刷將多餘粉末去除，煎到變色後就翻面以相同方式乾煎。煎好後取出，放在鋪有烘焙紙的網上等待降溫。

◐ 放涼後表面的烤色會變淺。

【 利用「葛燒」的麵團來製作端午節的甜粽 】

羊羹粽

材料（20條分量）

本葛粉……120g

砂糖（上白糖）……240g

豆沙泥（→p.86）……400g

水……560ml

特別準備的物品

・乾燥竹葉……80片

・藺草……100根

這是店家會在端午節特製的甜粽。雖然要在家製作可能有些難度，但還是請各位試著挑戰看看。

這種甜粽是使用和「葛燒（第50頁）」相同的麵團來製作。在這邊要介紹加了豆沙泥的「羊羹粽」，不過也可以將只加入葛粉和砂糖的葛燒麵團以竹葉包覆，做成「水仙粽」。

接下來會針對乾燥竹葉的恢復原狀方式，以及獨特的包餡手法來做說明。由於麵團冷卻後會比較不好以竹葉包餡，所以要分兩次蒸煮，在高溫的狀態下包覆竹葉。此外，一般是使用4張竹葉來包覆，但茶會的話會放入懷紙，所以只會用到3片竹葉。

| | | 做法 | 竹葉恢復原狀的方式 |

9

疊合 3 片竹葉的莖部，擺成縱向各有約 1cm 錯開的扇形。接著再將 **8** 以錯位方式擺放。

5

將麵團分成一半分別倒入兩個耐熱碗，分兩次蒸煮。一個要在蒸鍋冒出蒸氣後再放入，並在碗上覆蓋布巾蒸煮約 30 分鐘。另一半則先以保鮮膜覆蓋。

1

鍋子上放著較深的濾網，然後加入本葛粉和一半的水。浸泡的同時用手搓揉葛粉使其迅速溶解，接著將剩下的水緩緩倒入濾網，將殘留的葛粉過濾。

1

將竹葉（右）綁起來。如果是比較細的藺草（左）就要準備多一點分量。

10

直接放在手掌上，從右側朝內側捲起。

6

蒸煮好的狀態。從碗裡取出，接著將 **5** 的另一個碗放入蒸鍋內，以相同方式蒸煮。

2

加入砂糖混合，再加入豆沙以木鏟攪拌開來。等豆沙均勻混合後就開中火，邊攪拌使其融化。

2

在能沉入整個竹葉的深鍋中放入竹葉和水（分量外），開大火加熱，煮沸後以木鏟下壓煮約 5 分鐘。

11

到最後都要確實捲緊。

7

將蒸煮好的 **6** 移至較大的碗裡。為了能確實攪拌，可將濾網或濕布墊於碗的底部，即可固定。接著攪拌均勻，去除蒸煮後的結塊部分。

3

開始凝固就轉小火，為避免燒焦要持續攪拌，直至 8 成凝固的狀態。由於會從熱傳導較快的鍋緣開始凝固，所以在攪拌時要注意。

3

翻動竹葉查看，確認已經沒有乾燥部分，以及整體都恢復原來的竹葉顏色即可。然後將煮過的水倒掉，鍋中重新加水（分量外），抓住竹葉被綁起的部分涮洗乾淨。要將竹葉和竹葉之間的髒東西都去除，反覆換水沖洗 2 ～ 3 次。

12

抓住莖的部分，將最短的莖（做法 **9** 最後擺上的竹葉的莖）往下拉，讓整體緊縮。

8

將竹葉放在掌心，然後舀起還有熱度的 **7**，倒在竹葉前端 1/3 處的下方位置，再直接將之往下拉。

4

關火後再持續攪拌，利用餘溫加熱，混合至均勻狀態。

← 下接 p.54

以左手大拇指輕輕地將前端隆起的部分壓住，右手則是整合 4 片竹葉後扭轉。

將大姆指放在竹葉的根部，捲上藺草並弄出一個圓圈，讓藺草穿過（打結）。

一次拿取 10 ～ 12 根的藺草，然後穿過手持甜粽的食指與中指之間。

留下些許莖部，將捲完後剩下的藺草扭轉。

拉住綁緊。藺草不需剪，直接長長地垂放。包好後，再取出 6 的另一個蒸煮好的麵團，以相同方式進行 7 ～ 18 。

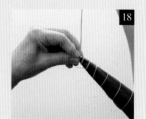

為了不讓甜粽鬆脫而進行固定，一開始先在上方將藺草交叉捲起。

捲一圈後弄出圓圈打結。

扭轉後的狀態。

包好的甜粽，以下方 3 條上方 2 條的方式擺放，如果容易移動就蓋上布巾固定。

將藺草做成片狀並交錯纏繞。

抓住上下翻轉的甜粽，將用於收尾的藺草往下壓緊。

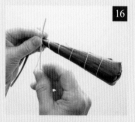

然後將竹葉前端摺起，接著再捲繞上 15 的藺草。

扭轉的部分以藺草纏繞一圈。

以單手同時抓住竹葉根部稍微隆起的部分。抓住這個位置就能讓所有甜粽都確實固定。但若抓住的部分太靠近根部，會容易錯開鬆脫。

纏繞好之後整個倒轉過來。

將藺草和竹葉莖的部分修剪成適當長度。

必學技巧！
【 提升市售豆沙的風味 】

材料（容易製作的分量）

市售的豆沙泥*……1kg

*購買時要看清楚成分表，
要選擇沒有使用添加物的
產品。建議購買只以紅
豆、砂糖和水麥芽製成的
產品。

雖然會想想親手製作豆沙，但還是想輕鬆做出和菓子……當腦中浮現這樣的想法時，其實只要使用市售的豆沙就會方便許多。

但不是要直接使用市售的豆沙，而是必須經過「重新燉煮」的步驟。只要多這一道手續，豆沙的風味就會更加醇厚，而且還會因為水分蒸發而讓之後的步驟更好操作。其實重點就在於將一半的豆沙放入微波爐加熱的這個動作。

不需要花太多時間就能提高豆沙的溫度，節省許多加熱豆沙的時間，又不必擔心是否會燒焦。再加上豆沙可以冷凍保存。加熱少量的豆沙會有燒焦的可能性，所以一次最少燉煮500g以上的豆沙為佳。

以下僅說明豆沙泥的燉煮方式，但其實用於白豆沙和顆粒豆沙的做法也是相同的。

待蒸氣冒出一段時間，且豆沙整體顏色開始變白就停止攪拌。以豆沙稍燙的程度為基準。

將一半的豆沙攤放在耐熱器皿上，以保鮮膜覆蓋，然後放進微波爐以500W 加熱約 2 分鐘。

關火並將鍋中的豆沙附著於鍋邊，經過幾秒後再將其剝落乾淨。

將 1 放入鍋內，再放入剩下的豆沙後混合攪拌。接著開中火，確實攪拌讓整體的溫度上升。

以上用粉製成的餅菓子

會製作茶會和菓子的上菓子店家，其販賣的「餅菓子」主要有兩種。一種是此處所介紹的使用上用粉製作的和菓子，另一種是只使用糯米粉製作的和菓子（第64頁）。上用粉雖然是將普通的米（粳米）清洗乾燥後磨成的粉末，但和同樣是以粳米製作的上新粉相比，其顆粒更為細緻，可以做出口感軟嫩的成品。但光是有這個條件還不足以做出和菓子的Q彈口感，所以還是得混合糯米粉來製作。麵團質地則是與「外郎」相近。

由於粳米遇冷會凝固，所以加了上用粉的和菓子基本上不會在冬天出現。製作的季節是在5月到9月，這邊介紹的都是以初夏為主的和菓子，像是青梅和枇杷。因為是用手捏製而成，所以可能有些困難，但仍是屬於上菓子當中可以在家中輕鬆製作的和菓子。捏製出和實物相似的外型，也是製作和菓子的樂趣之一，所以請一邊想像一邊製作吧。

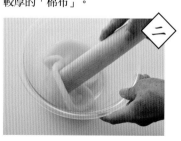

一

蒸煮時放上網目較細密的布

粉類溶於水中製成的液狀麵團，在經過蒸煮後會呈現麻糬狀。這個時候為了讓蒸氣能夠確實上升不要往下掉，就必須使用網目較細密的布。店家通常是使用質地較厚的「棉布」。

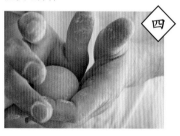

二

搗開蒸煮好的麵團

蒸鍋冒出蒸氣的情況會因為場所不同而出現些許差異，有時仍會產生結塊。而為了去除結塊，就要在麵團蒸煮好時將其搗開成整體均勻的麻糬狀。

三

質地柔軟要特別謹慎

麵團的特色在於相當柔軟且缺乏彈性，所以簡單就能捏製成形，而且也很好畫出線條和戳洞。要移動蒸好的麵團時，將其放在飯匙等輔助器具上，並以木鏟取下，謹慎地操作。

四

趁還有餘溫時揉圓

青梅和枇杷都是以麵團直接包覆豆沙就完成的和菓子，不過麵團在仍溫暖的狀態下會較具柔軟性，因此能夠營造出豆沙內餡的凹凸感。在麵團稍微降溫後就重新揉圓，將表面弄平整。

青梅

桔梗餅

枇杷

特別準備的器具

· 直徑 18cm 高 2cm 以上的框模
（能以慕斯框等器具代替）

· 網目較細密的布
（最好是較厚的棉布）

· 細木棒

材料（12 個分量）

上用粉……70g

糯米粉……30g

砂糖（上白糖）……80g

水……150ml

食用色粉（綠）*1……各少量

豆沙泥（→ p.86）*2……300g

手粉（將同分量的上用粉和片栗粉混合）……適量

＊1 可用黃色 10：藍色 1 的比例混合代替。

＊2 做出 25g 的豆沙球，共 12 個。

青梅

簡直就跟真正的青梅沒兩樣的 6 月和菓子。表面沾附的手粉就像是梅子表面的細毛，完整重現青梅的真實風貌。利用木鏟做出的凹縫中，透出隱約可見的豆沙餡，成功創造出陰影的立體感。

58

以沒有沾附手粉的上方作為內側，將兩側對摺，並以手指捏製成較粗的條狀。

趁熱連同布巾將麵團取出，放到碗裡。

碗裡放入砂糖和7～8成的水混合。接著同時加入上用粉和糯米粉，以打蛋器混合，調合粉類和水。

◆ 上用粉和糯米粉的顆粒較細，所以不需要過篩。

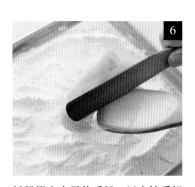

放在手粉上滾動成細長狀，接著以刮板切成兩半。將2條麵團並列，各切成3等分。1等分約為25g。剩下一半的麵團則是按照做法6～8，以相同方式製作。

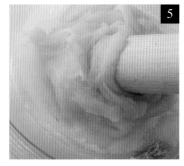

使用沾濕的研磨棒，將麵團混合至質地均勻的狀態。

◆ 透過混合的動作去除色差和蒸煮產生的結塊，並使軟硬度均一。由於麵團本身欠缺彈性，所以混合時或許會有些吃力。

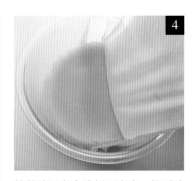

倒入剩下的水混合均勻。色粉加入少量的水（分量外）調合，加入1滴的分量至麵糊後攪拌。視顏色深淺調整色粉用量。

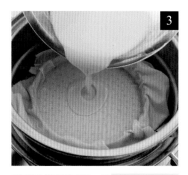

在切口抹上手粉，輕輕地揉圓。接著以大拇指指根部壓成直徑約6cm的扁平狀。這時候要將邊緣弄薄一些，然後放上豆沙球。

◆ 由於豆沙球的直徑約為3cm，所以麵團要按壓成兩倍大的6cm尺寸。

托盤撒上大量的手粉，以木鏟舀起一半分量的5，使用細木棒將其塑形後放置在手粉上。

◆ 蒸煮後的麵團相當柔軟，很容易黏手，所以要在木鏟上塑形，也要使用到手粉。

蒸鍋內放置框模，將網目細密的布弄濕擰乾後覆蓋在框模上。將2混合攪拌至均勻狀態，然後倒入框模內，在冒出蒸氣的蒸鍋中蒸煮約20分鐘。

◆ 不能覆蓋網目較鬆散的布，因為麵糊會流到下方。

← 下接 p.60

按照 p.5 的包餡方式進行，然後稍微靜置放涼。

◆ 因為麵團質地柔軟，所以能在表面呈現內餡的凹凸感。這是不可或缺的修飾步驟，所以要趁還沒完全冷卻時進行。

趁麵團還保有熱度時放在左手無名指上，以中指支撐住，然後立起右手。接著以左手中指橫向滾動，將表面弄平。

麵團擺放在托盤上，以毛刷去除多餘粉末。

◆ 成形後一定要以毛刷去除粉末，這樣才能完整營造出和菓子應有的樣貌。

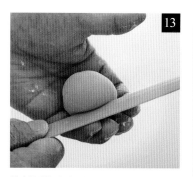

將麵團放在左手，將細木棒靠著小指的根部。不要完全橫拿細木棒，角度要稍微斜放。

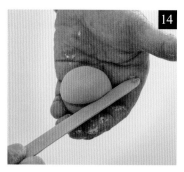

右手靜止不動，左手以順時針轉動畫出線條。起點和終點的位置較低且淺，中途則是稍微朝上畫出較深的線條。

◆ 因為麵團不具彈性，所以能畫出漂亮的線條。

利用小指輕壓線條的起點部分製造凹陷，然後再調整為近似梅子的外觀。

枇杷

模仿枇杷外型的 7 月意趣。所使用的材料雖然幾乎和「青梅」相同，卻能夠創造出截然不同的形象，正是和菓子有趣的地方。紡錘外型再加上花萼特徵，簡直就跟本尊一模一樣。

做法

❶ 將枇杷花萼的材料混合，以保鮮膜包覆靜置 30 分鐘。接著按照 p.59 ～ 60 「青梅」的做法 **1**～**2** 來製作麵團。色粉以黃 10：紅 1 的比例混合成橘色，加入少量的水（分量外）調合。

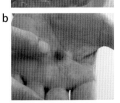

❷ 接著按照「青梅」的做法 **3**～**10**，以相同方式進行。到最後塑形步驟時，貼合兩手的根部做出傾斜的角度，將麵團揉製為紡錘型（a）。

❸ 將❶的花萼麵團捏製成直徑約 5 ㎜的球狀（b）。總共要捏製 12 個圓球。

❹ 趁著❷還有些溫度時，按照「青梅」的做法 **11**，以相同方式將表面弄平整，再使用毛刷將多餘的粉末去除。接著以筷子尖端朝枇杷上方稍高的位置戳洞，將❸塞進洞裡，再以竹籤尖端在 4 個方位畫線（c）。

材料（12 個分量）

上用粉……70g

糯米粉……30g

砂糖（上白糖）……80g

水……150㎖

食用色粉（黃、紅）……各少量

豆沙泥（→ p.86）＊……300g

手粉（同分量的上用粉和片栗粉混合）……適量

枇杷的花萼

　豆沙泥（→ p.86）、白豆沙（→ p.94）……各 10g

　寒梅粉……6 ～ 7g

＊ 做出 25g 的豆沙球，共 12 個。

特別準備的器具

・直徑 18cm 高 2cm 以上的框模
　（能以慕斯框等器具代替）

・網目細密的布
　（最好是較厚的棉布）

材料（20 個分量）

上用粉……120g

糯米粉……80g

黑糖（粉末）……80g

紅雙目糖……80g

水……300ml

豆沙泥（→ p.86）*……500g

冰糯米……適量

手粉（低筋麵粉）……適量

＊ 做出 25g 的豆沙球，共 20 個。

|7～8月|

桔梗餅

所使用的材料幾乎和「青梅」相同，不過必須先開火煮至半熟狀態，經塑形後再蒸煮，做出截然不同的 Q 彈口感。如果是以上白糖取代黑糖，就會變成「白桔梗餅」。

使用細木棒靠住各邊的中央，朝著中心點下壓，然後往比中心略長的位置滑動畫線。其他邊也是以相同方式畫線。

◐ 不是以細木棒按壓後拉扯，而是要從近前方往對側滑動。

托盤撒滿手粉，以木鏟和刮刀舀起 **3** 的一半分量放在手粉上。以沒有沾附手粉的上方作為內側，將兩側對摺，然後分成對半並搓揉成條狀。

鍋裡放入黑糖和紅雙目糖，再倒入分量內 7～8 成的水，以打蛋器混合均勻。接著加入上用粉和糯米粉並仔細攪拌，再倒入剩餘的水混合。

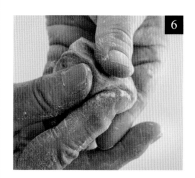

以毛刷去除多餘的粉末。

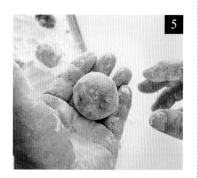

利用大拇指和食指間的縫隙，將麵團搓分成各 30g 的球狀後揉圓。趁著還有餘溫，按照 p.5 的包餡方式來包覆豆沙球。由於麵團質地柔軟，需暫時靜置。剩餘一半的麵團則按照 **4**～**5** 的步驟以同樣方式操作。

開中火加熱並持續攪拌使其受熱均勻。開始變成固態就轉小火，持續加熱至 9 成麵團都受熱的程度。

◐ 原本的質地十分柔軟，但是太軟的話要操作之後的步驟會較困難，所以要先加熱至幾乎變成固態為止。

放入鋪有烘焙紙且冒出蒸氣的蒸鍋內，**麵團之間要留有間隔**。蒸煮約 12 分鐘後放涼。然後按照 p.48「紫陽花」的做法 **3**，以相同方式將冰糯米磨碎後沾附於底下。

再次揉圓，以左手拿取麵團，並以左手大拇指從上方輕壓，然後靠著右手的大拇指和食指，橫向按壓出角度。旋轉麵團，共做出 5 個角度。

◐ 只要使用手指按壓即可。若用力磨擦，可能會導致該部分的麵團變薄。

關火後仍要持續攪拌，利用餘溫受熱讓水氣蒸發。接著將麵團朝鍋子中央集中成小山狀，最好用沾濕的木鏟往左右方向分批移動。

◐ 由於質地過軟會不好進行後續的步驟，所以一定要讓水氣蒸發掉。

以糯米粉製成的餅菓子

完美成功的三大重點

糯米粉就是將糯米磨成細粉製成，特色是很容易吸收水分，加熱後會變得很有彈性。即便經過冷卻也不容易變硬，能保持柔軟的狀態，這也是和上用粉最大的不同點，能保持柔軟的狀態，這也是和上用粉最大的不同點，所以通常用於製作秋天到春天的和菓子材料使用。

上菓子店對於這類型的主打商品，就是在新春推出，於新春茶會上會食用的「簛餅」和「花瓣餅」。因為糯米麵團為純白色，不管是直接沿用還是染上其他顏色都能營造出美麗的視覺效果，而這些知名的和菓子也都是以紅白色系為組合。光是從白色外皮底下透出紅色的外觀，如此雅致便是最高貴的裝扮。

其中「鶯餅」就是主要由糯米粉製作的和菓子。因為只需要有外皮、豆沙和黃豆粉就能完成，就算是初學者應該也能輕鬆製作。另外要推薦的則是「若菜餅」。若菜餅的麵團加入了切碎的小松菜，如果將小松菜替換為艾草，就成為了在春天品嘗的草餅。

蒸煮時鋪上網目細密的布

與「以上用粉製作」（p.56）所提到的內容相同，將粉類溶於水中製成的液狀麵團在蒸煮後會變成麻糬狀。這個時候就要確保蒸氣能上升，而不是往下掉，所以要使用網目細密的布。

搗開蒸煮好的麵團

蒸鍋冒出蒸氣的情況會因為場所不同而出現些許差異，有時仍會產生結塊。而為了去除結塊，就要在麵團蒸煮好時將其搗開成整體均勻的麻糬狀。

質地柔軟要特別謹慎

加入糯米粉的麵團蒸煮後，會比使用上用粉的麵團還要柔軟，所以在操作時要特別謹慎。移動麵團時要將其放在飯匙等器具上，並以木鏟取下。

→ 這類和菓子和「以上用粉製作」的重點大致相同。是餅菓子共通的基本要點。

鶯餅

若菜餅

簓餅

箙餅

從故事中衍生的和菓子，原先是以白豆沙製作。茶道中的箙餅則和此處介紹的內餡相同，也是選用味噌豆沙，有時也會用於新春茶會上。

特別準備的器具

· 直徑 18cm 高 2cm 以上的框模
　（能以慕斯框等器具代替）

· 網目細密的布
　（最好是較厚的棉布）

＊味噌豆沙需要用到佔白豆沙用量 10～15% 的白味噌。這裡所使用的是鹽分含量約 5% 的京都「西京白味噌」。由於是利用麴菌發酵，所以甜味很重為其特徵。而且味噌很容易持續發酵，所以剩下的味噌最好冷藏或是冷凍保存。

材料（20 個分量）

糯米粉……200g

砂糖（上白糖）……160g

水……280ml

紅色食用色素……少量

味噌豆沙

　白豆沙（→ p.94）……435g

　白味噌（鹽分約 5% 的產品）＊……65g

糖煮牛蒡（容易製作的分量）

　牛蒡……2 條

　砂糖……250g

　水……375ml

　米糠……200g

手粉（同分量的上用粉和片栗粉混合）……適量

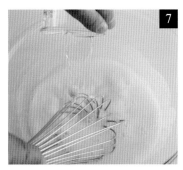

前一天就要先製作好糖煮牛蒡。將牛蒡快速沖洗乾淨，切成 5cm 寬的大小，去皮後切成 4～5mm 的長條狀。然後立刻浸泡到水裡。再換水將牛蒡沖洗乾淨後以濾網瀝乾。

◔ 因為不是要凸顯牛蒡的味道，所以要將牛蒡的外皮去除乾淨。

鍋裡倒入 2L（分量外）的水和米糠後大略攪拌，加入 1 後開火。煮沸後轉小火持續煮 30 分鐘，然後倒在濾網上，用流水將米糠沖掉。

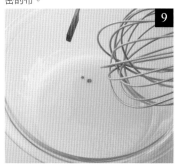

鍋裡倒入分量內的水和砂糖後開火煮至融解。煮沸後加入 2，再次煮沸後就關火放涼等待入味。然後再次開火加熱，放涼。接著放入密閉容器內並淋上糖漿，以這樣的狀態放進冰箱冷藏可保存一週。

製作味噌豆沙。鍋裡放入一半的白豆沙，以橡膠刮刀攤開，接著再加入白味噌並攪拌均勻。然後開中小火加熱，以橡膠刮刀將整體以按壓攤平的方式攪拌，等到整體都受熱後就轉小火。

◔ 由於白味噌很容易燒焦，所以要在有熱度的鍋內完整攤開，才能均勻受熱。

等到加熱至質地不那麼黏稠時，就以手背輕觸感受一下溫度，如果已經稍微變燙就可以關火。然後倒入剩下的白豆沙，仔細攪拌調合，利用餘溫來均勻混合。

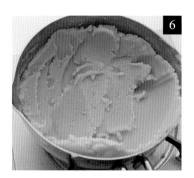

再次開小火加熱，以橡膠刮刀將內餡按壓攤平讓水氣蒸發。接著關火將豆沙緊貼鍋邊，稍微等待一段時間後再將其剝落乾淨。

◔ 稍微降溫使水氣蒸發，之後就比較好將鍋邊的豆沙剝落。

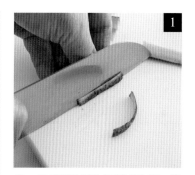

製作麵糊。碗裡放入砂糖和分量內 6 成的水混合，接著加入糯米粉並攪拌至滑順程度。再倒入剩下的水仔細混合。

蒸鍋內放入框模，並蓋上沾濕擰乾的網目細密的布。接著倒入一半的 7，在冒出蒸氣的蒸鍋中蒸煮約 25 分鐘。

◔ 與加入上用粉的和菓子相同，如果是像麻布那樣網目較鬆散的布，那就會整個流到下面，所以一定要使用網目較緊密的布。

紅色食用色素加入少量的水（分量外）調合，加入 1 滴到 8 預留的麵團內，調整為淡粉色。接著按照 8 以相同方式蒸煮。

◔ 白色的麵團和粉色的麵團最好是同時進行蒸煮，所以要使用兩個蒸鍋或是以兩層方式蒸煮。

← 下接 p.68

10

以濾網過濾掉**3**的糖漿。將**6**分為 20 個各 25g 的大小並揉成酒桶形。接著把牛蒡放在中央後輕輕壓入。

11

從對側往靠近自己的方向將麵團對摺。

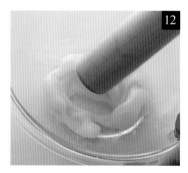

12

將蒸煮好的**8**連同布一起取出後，放到碗裡。使用沾濕的研磨棒搗開麵團使其混合均勻，藉此去除蒸煮時產生的結塊。

13

托盤倒入手粉，以矽膠刮刀和木棒將一半的白色麵團**12**取出。

14

以滾動方式將麵團整成條狀並分成 10 等分。剩餘的麵團也同樣分成 10 等分。接著將**9**的粉色麵團按照**12**～**13**的方式取出，和白色麵團一樣各分成 10 等分。

◆ 若麵團冷卻，要進行這些動作就會比較困難，所以最好是有 2 人同時進行。

15

將白色麵團稍微壓平後放上粉色麵團，但是要注意不要讓粉色麵團超出白色麵團。

◆ 白色餅皮透著淡紅色的視覺效果，就是這個和菓子的美麗之處。若是讓粉色麵團向外凸出，就無法展現那雅致的美感。

16

以手指輕壓後用兩手拿著，直接使用手指將麵團拉平成寬 4cm 長 10cm 的大小。

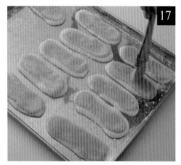

17

擺放在托盤上，以毛刷去除多餘粉末，然後靜置等待稍微降溫。

◆ 麵團溫度高而太軟就會黏手，但是冷掉變乾的麵團也很容易和內餡脫離。

18

將**11**的接合處面向自己放入麵皮中央，從對側朝自己方向對摺捲起。最後以手指輕壓對摺處使其閉合。

鶯餅

樹鶯是告知春天來臨的鳥，這是仿效樹鶯外型、會在早春推出的和菓子。使用青豆粉作為手粉，充分展現出淡雅且高貴的樹鶯色，以及美好的香氣。使用和「簌餅」相同的麵團就能夠完成。

a

b

c

做法

❶ 按照 p.67 ～ 68「簌餅」的做法 **7** ～ **8**，
以相同方式製作麵團並蒸煮完成。

　◆ 這裡不需要因為顏色不同而分開，所以將所有
　　麵團一次蒸煮完成。

❷ 托盤鋪上青豆粉。將❶按照「簌餅」的做
法 **12**，以相同方式搗開麵團，然後跟 **13** ～
14 一樣分為各 25g 的大小，將 25 個麵團
稍微揉成球狀。

❸ 按照 p.5 的包餡方式包入豆沙球並捏製成
酒桶形。接著將麵團橫向擺放，以兩手
的大拇指和食指靠著托盤確實固定住麵
團，並抓緊下壓（a）。

　◆ 抓住的位置要稍微偏下方，這樣才能做出樹鶯
　　的姿態。

❹ 以手心從上方輕壓將表面稍微弄平（b），
然後從上方撒青豆粉（c）。

　◆ 手指輕拍濾網內的青豆粉讓其落下，濾過的青
　　豆粉質地較細密能營造高雅形象。

材料（25 個分量）

糯米粉……200g

砂糖（上白糖）……160g

水……280ml

豆沙泥（→ p.86）*¹……625g

青豆粉（青色黃豆的粉末）*²……適量

＊ 1 做出 25g 的豆沙球，共 25 個。

＊ 2 青豆粉經過一段時間就會變色，所以要
　　準備新鮮產品。

特別準備的器具

・直徑 18cm 高 2cm 以上的框模
　（能以慕斯框等器具代替）

・網目細密的布
　（最好是較厚的棉布）

特別準備的器具

· 直徑 18cm、
  高 2cm 以上的框模
  （能以慕斯框等器具代替）

· 網目細密的布
  （最好是較厚的棉布）

材料（25 個分量）

糯米粉……200g

砂糖（上白糖）……160g

水……260ml

小松菜……2～3 支

豆沙泥（→ p.86）＊……625g

手粉（同分量的片栗粉和上用粉混合）
    ……適量

＊做出 25g 的豆沙球，共 25 個。店裡
所使用的是鹹豆沙。

若菜餅

這種春天的餅菓子，充分展現出新生年輕綠葉的新綠美感。綠葉的部分是使用沒有強烈味道也不容易褪色的小松菜。依稀可見當中的豆沙餡，襯托出綠色的鮮明感。

參考 p.5 的包餡方式包覆豆沙，然後捏製成酒桶型。放在手掌上輕壓將表面稍微弄平，再以毛刷去除多餘粉末。

按照 p.67 ～ 68「籤餅」的做法**7**～**8**，以相同方式製作麵團並蒸煮。

◆ 這裡不需要分顏色個別蒸煮，可以一次蒸煮全部的麵團。

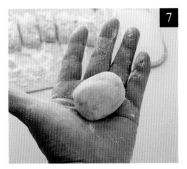

小松菜清洗乾淨後一支一支分開。用右手的大拇指和食指抓著小松菜的莖，左手的食指和中指從下方夾住葉子與莖部的連接處。

變身為草餅

只要將做法**5**的切碎小松菜換成切碎的艾草，就可以做出草餅。如果使用的是冷凍艾草，那就要先取出 20g 放入冰箱冷藏恢復原狀。若是使用生的艾草，則是要先以熱水汆燙約 2 ～ 3 分鐘，然後關火加入小蘇打粉定色，接著放入冷水裡再擰乾水分，取約 20g 以菜刀的刀背敲打弄碎。

按照「籤餅」的做法**12**，以相同方式搗開麵團，然後加入剁散的**3**並混合均勻。

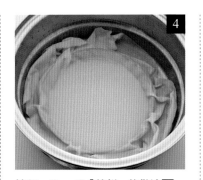

以左手大拇指下壓，就這樣以抓住葉子的左手拉扯，去除莖部與葉脈。然後擦乾水分。

◆ 由於莖部和葉脈的部分較硬、味道較重，所以要去除。以這個方式操作可以加快速度，又能完整去除。

按照「籤餅」的做法**13**～**14**，以相同方式分成各 25g 的大小，做出 25 個麵團後稍微揉圓。

將每支葉子交錯疊在一起，然後捲起來。以菜刀切成細碎，需要使用到的分量約為 12g。

◆ 比起直接將葉子同方向交疊，交錯的方式會比較好捲起來，而且切碎的外型更美觀。

將低筋麵粉和糯米粉以網眼較小的濾網過濾至碗中，然後放入白豆沙。用手以抓揉方式混合均勻。

等到搓揉至沒有粉類殘留就可以停止動作。由於碗底容易有粉末附著，所以要將麵團整個上下翻攪，確認是否真的已經完全無粉類殘留。

在蒸鍋上鋪布巾，然後再放上網眼較大的濾篩（4 網目）。接著把 2 放在濾篩上，由上往下筆直地壓入。不要在濾篩上摩擦。

使用筷子將蒸鍋內的麵團弄得均勻平整，中央部分要稍微薄一些。

在家中也能挑戰！
熟菓子

熟菓子就是指在白豆沙中加入麵粉（低筋麵粉）混合後蒸煮的和菓子類型，不過這裡所介紹的種類是加入麵粉和糯米粉。比起使用白玉粉製作的「練切」，這些材料在製作時會更好操作，即便在家中也能輕鬆做出麵團。還能放入木製模具改變外型或是變換麵團顏色，是一年四季都能展現創意表現季節感的和菓子。

材料（20 個分量）

白豆沙（→ p.94）……600g

低筋麵粉……30g

糯米粉……10g

豆沙泥（→ p.86）＊……400g

肉桂粉……適量

＊ 做出 20g 的豆沙球，共 20 個。

特別準備的器具

・網眼較大的濾篩（4 網目）。

| 9月 |

名月（衣被）

外型仿效中秋賞月時的應景食物──芋頭，屬於九月的和菓子。由於不需使用特別的模具，只用雙手就能捏製而成，所以在家中也能輕鬆重現。只要使用毛刷在表面刷上肉桂粉，就能化身為芋頭。

蔦紅葉

擁有楓葉外型的蔦紅葉，是展現秋天風情的和菓子。基本做法和材料都和「名月」相同。只要使用雙手就能捏製完成，請務必試做看看。

a

b

c

d

e

f

做法（18個分量）

❶ 按照 p.72～73「名月」的做法 1～8，以相同方式製作麵團，在做法 9 按壓麵團時，則要使用以少量水（分量外）和黃色食用色粉（分量外）調製而成的染料來上色。然後分成各30g大小的麵團共19個。再將其中1個麵團加入以少量水（分量外）和紅色食用色素（分量外）混合的橘色染料，接著分成18等分。

❷ 將橘色麵團放在黃色麵團的一端後揉圓（a），然後以手掌稍微按壓麵團。

❸ 以小指在橘色麵團稍微上方的黃色部分弄出凹陷（b）。另一邊也同樣弄出凹陷（c）。然後將左右兩邊的凹陷大略塑形成楓葉的形狀。

❹ 在橘色下方的部分以食指輕壓弄出凹陷（d），調整成葉子的形狀。

❺ 使用細木棒從側面加上葉脈後，將左右延伸的葉子稍微靠近中央並調整形狀（e）。然後以竹籤畫出表面的葉脈（f）。

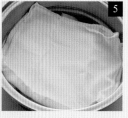
5

然後再蓋上布巾，在冒出蒸氣的蒸鍋內蒸煮約30分鐘。

6

從蒸鍋內連同布巾一起取出麵團放到碗裡。把手沾濕後從布巾上方按壓，將麵團合成一整塊。由於麵團很燙，所以要注意不要被燙傷。

7

漂亮地整合後的樣子。

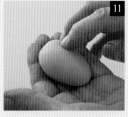
8

拿掉布巾，以手掌確實按壓麵團，直到顏色完全一致的成團狀態。接著以保鮮膜包覆靜置放涼。

9

去除保鮮膜將麵團放入碗裡，手沾濕後再一次按壓麵團。然後分成各30g大小的麵團共21個，並稍微揉圓。再將其中1個麵團分成20個直徑約5mm的圓球。

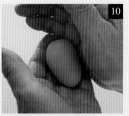
10

按照p.5的包餡方式包覆豆沙。將麵團放在手掌上滾成芋頭般的紡錘型。

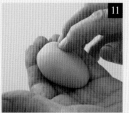
11

以食指朝中央弄出凹陷。

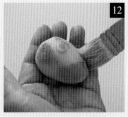

12

在凹陷處放上 9 的約5mm圓形麵團，然後輕壓使其附著。最後使用毛刷塗抹上肉桂粉，製造斑點效果。

半生菓子

在茶會上，通常會端出乾菓子或半生菓子來搭配淡抹茶享用。這類型的和菓子不但能充分展現季節感，色彩也很鮮豔，在品嘗味道的同時能深深感受到萬物之美。

當中不乏製作時需使用到特別造型的木頭模具，還要具備細緻的技巧，是只有專業店鋪才能做出的和菓子，但在這裡要介紹的是在家中就能製作的種類。

像是「菜種里」只要有模具就能輕鬆完成，或是以其他邊緣有直角的托盤等器具來代替也沒關係。

至於「路秋」，則是將「小倉燒」和「紅葉」的兩種形象完美結合在一起，所以才會有這樣的名稱。其中的小倉燒可以使用平底鍋和電烤盤煎烤製作，紅葉則是有了模具就能完成。只要變換和菓子的顏色和模具，就能夠輕鬆變化出適合其他季節的乾菓子。

均勻上色的訣竅

半生菓子經常會直接將材料染色。這個時候不能一次將整體上色，而是要先將一部分的麵團染色，然後再與剩下的麵團調合，這樣就不會有結塊且顏色呈現均勻狀態。

一

加了寒梅粉的麵團要靜置

由於大多數的半生菓子都是只要將麵團的材料混合，不須加熱就能完成，因此經常會使用已經煮熟的「寒梅粉」。但由於在混入的當下麵團會不穩定，所以要靜置麵團，再來進行成形和分割的步驟。

二

使用刮板會方便許多

為了不破壞麵團的狀態，要能迅速將其舀起和攤開，以及移至模具的各個角落，而板狀的刮板就是個很方便的輔助器具。在一般的製菓材料行就能購買，請務必在製作時使用。

三

菜種里

路秋

〔小倉燒〕

〔紅葉〕

特別準備的器具

· 11×14×4.7cm 的模具
 （或是邊緣有直角的托盤）

· 網眼較大的濾篩（7 網目）

材料（11×14×4.7cm 的模具 1 個分量）

砂糖（上白糖）……200g

寒梅粉……60g

阿拉伯膠糖漿（13g 包裝）
　……4 個

食用色粉（黃、綠）……各少量

菜種里

利用黃色和黃綠色組合而成，有如油菜花田般的春天和菓子。保存期限約 2 個星期。完成後的濕潤口感，會在口中崩解成塊，然後隨著時間逐漸變硬，感受這道和菓子的口感變化也可說是樂趣之一。

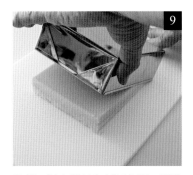

放上網眼較大的濾篩，過篩剩下的黃色麵團至模具中，然後使用筷子將麵團均勻攤平、調整形狀。

◆ 上方會呈現蓬鬆的狀態，就像是油菜花盛開的風景。

以保鮮膜包覆，靜置約半天，等待材料融合。

◆ 寒梅粉會隨著時間讓麵團彼此沾附在一起。

將菜刀插入模具和麵團之間，倒過來擺放在砧板上。然後再疊上另一個砧板後倒過來，在表面朝上的狀態下縱切成半，再橫向切成 5 等分。

◆ 切法可按個人喜好決定。可做成正方形或是使用模具切割，只要是自己喜歡的形狀皆可。

拿掉模具的活底，將綠色麵團倒入並均勻整平。

◆ 使用刮板或是筷子將麵團移動至各個角落，會方便許多。

在綠色麵團的上方放上模具的活底，以均一的力量按壓固定。一開始先以兩手握住兩側的扶手按壓，然後再按壓中央部分即可。

將黃色麵團 2/3 的分量均勻放在 5 上，再以同樣方式用模具的活底按壓固定。

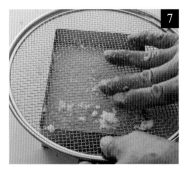

綠色色粉加少量的水（分量外）調合。將一半的砂糖放入碗裡，然後加入 1 滴綠色色粉，用手先將周圍的砂糖染色，接著再混合全體以調整顏色的均勻程度。

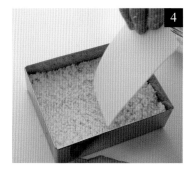

顏色混合均勻後，加入 2 個阿拉伯膠糖漿攪拌。以手指磨擦、攪動去混合均勻。

接著加入一半的寒梅粉後仔細攪揉。之後使用另一個碗，效仿綠麵團的做法，以同樣的上色方式製作黃色麵團。

秋路

由油煎顆粒豆沙麵團製成的「小倉燒」和楓葉外型的「紅葉」組成而成。利用兩種和菓子展現秋天的風情。是在家就能製作，搭配淡抹茶品嘗的乾菓子。當作伴手禮送給其他人，對方應該也會很開心。

特別準備的器具

・楓葉模具

＊ 推薦使用香氣極佳的太白芝麻油，沒有的話也可以用沙拉油取代。

材料（容易製作的分量）

小倉燒

　顆粒豆沙（→ p.86）……200g

　寒梅粉……4g

　芝麻油＊……適量

　手粉（低筋麵粉）……適量

紅葉

　白豆沙（→ p.94）……100g

　砂糖（上白糖）……100g

　寒梅粉……10g

　食用色粉（紅、黃）……各少量

　手粉（片栗粉）……適量

製作小倉燒的麵團。碗裡放入顆粒豆沙和寒梅粉,以手仔細混合。

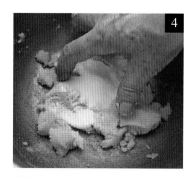

搓揉成塊狀後就以保鮮膜包覆,靜置約 60 分鐘。

◆ 藉由靜置,讓豆沙中的砂糖和寒梅粉可以充分融合。

製作紅葉的兩種(雙色)麵團。將黃色色粉加入少量的水(分量外)調合。碗裡放入一半的砂糖,然後加入 1 滴黃色色粉,以手混合攪拌將顏色調整至均勻狀態。

接著加入一半的白豆沙混合攪拌,要使整體均勻混合,但不要產生過強的黏性。接著再加入一半的寒梅粉混合攪拌。

以保鮮膜包覆,靜置 30 分鐘～1 小時。然後在另一個碗裡按照 3 ～ 5 製作另一種顏色的麵團,加入紅色色粉混合攪拌。

準備油煎小倉燒的麵團。在桌面撒上手粉,將 2 放在桌上,擀成 6mm 厚。

◆ 在麵團兩端放上厚度 6mm 的木棒(直尺或量尺等),然後將擀麵棍靠在上頭滾動。

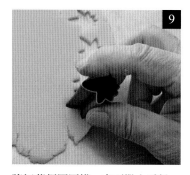

切成 3x5cm 的大小。

◆ 也可以使用自己喜歡的模具壓製。將剩下的麵團重新擀成 6mm 厚,然後再次壓模。

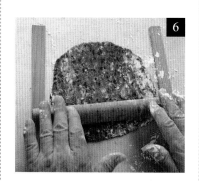

平底鍋開火(或是使用以 120℃ 預熱的電烤盤),然後抹上薄薄一層芝麻油。放上 7 以中小火加熱,煎到變色就翻面,每片皆以相同方式油煎,完成後取出放涼。

將紅葉麵團壓模。桌面撒上手粉,將 5 放在桌上,各擀成 4mm 厚,然後使用楓葉模具壓出形狀。

◆ 只要變換顏色和模具,就可以衍生出許多變化。請發揮創意,試著親自動手做做看。

【 這也是上菓子店的 必備商品 】

紅豆飯

材料（容易製作的分量）

糯米 ……5 合（750g）

豇豆 ……75g

小蘇打粉 ……5g

水 ……120ml

糯米加上豇豆煮出的紅豆飯，是上菓子店會製作的喜慶商品。紅豆飯之所以會使用豇豆，是因為豇豆的外皮較厚而不易破裂，不會讓人聯想到「切腹」，所以才會成為武家在喜慶時的桌上佳餚。再來就是煮熟後的美麗紅色也是豇豆雀屏中選的理由。只需要加入最少限度的少量水就能煮沸，重點是要一邊添加水量一邊燉煮，這樣就能讓顏色變深。要是加入過量的水持續燉煮，會導致口感過於軟爛，要特別注意。然後將深紅色汁液與泡過水的糯米混合，蒸煮過後就完成了這道紅豆飯。

雖然說這種方式和現在一般做法或許有些出入，但這就是最原始的做法。只要品嘗過就會瞭解，什麼才是最正宗的口味。

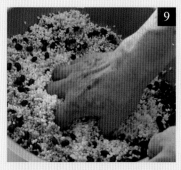

將濾網上的豆子浸泡在冷水裡，接著以濾網濾乾。

◆ 降低溫度，避免豆子的外皮剝落。

同 2 的方式，分次加入 3 ～ 4 次的水。

糯米清洗後浸泡在水裡（分量外）一個晚上，然後以濾網濾乾水分。

◆ 夏天的泡水時間為 3 小時以上，冬天則是以 5 小時以上為基準。

將裝有汁液的碗隔冰水降溫，以用打蛋器敲擊碗緣並從底部撈起的方式攪打，讓空氣能與汁液接觸，顏色會更加明顯。攪打至有細微泡沫就可以停止，大概需要攪打 4 ～ 5 分鐘。

最後煮至沸騰就關火，加入小蘇打粉。因為是沸騰狀態所以輕輕攪拌即可。

◆ 加入小蘇打粉能避免顏色變淡。

鍋裡倒入分量內的水煮至沸騰，接著放入豇豆。再次煮沸後再煮個 2 ～ 3 分鐘，然後一口氣倒入 60ml 的水（分量外）。

◆ 因為有另外再加水，可以讓顏色更容易顯現出來，不過為了保持顏色的深度，不要加入太多的水量。

將 1 放入碗裡，接著加入 7 、 8 ，用手仔細混合均勻。

碗裡放上濾網，倒入豇豆過濾。汁液的部分則先保留著。

要維持持續沸騰冒泡的狀態。

← 下接 p.82

正宗芝麻鹽做法

上菓子店所製作的芝麻鹽有著典雅的黑色，乍看之下還以為只有芝麻而已，但是放進嘴裡卻能夠嘗到明顯的鹹味。由於可長時間保存，所以能一次大量製作。

材料（容易製作的分量）

水洗芝麻（黑）……100g
鹽（自然鹽）……20g
水……150ml

做法

❶ 於口徑較大的鍋子（或是有樹脂加工的平底鍋）倒入水煮沸後，加入鹽攪拌融解。

❷ 倒入芝麻（a），煮至水分快要消失為止，最後拿起鍋子翻炒讓水氣完全蒸發（b）。

❸ 放入濾網中甩掉多餘的鹽。托盤上鋪紙巾，攤放芝麻等待降溫。

a
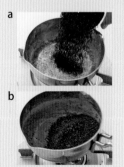
b

然後再放回冒出蒸氣的蒸鍋內蒸煮30～40分鐘。圖片為蒸煮完成後的狀態。

連同布巾一起取出，一手拉著布巾，一手以飯匙上下攪動。因為底下的顏色較深，所以要攪拌至顏色均勻為止。

托盤鋪上濕布巾，放入 14 並攤開。等到稍微降溫後，再以濕布巾覆蓋。

在托盤上放蒸鍋，再鋪上大面積的布巾，然後放入 9 。

◆ 因為會有水分滴落，所以下方會擺放托盤蒐集水分。

將中央部分弄出凹陷。布巾向內摺起覆蓋，在冒出蒸氣的蒸鍋中蒸煮40分鐘。

◆ 由於蒸氣不容易通過中央部分，所以要弄出凹陷。蒸煮過程中，當作為蒸氣的水分越來越少，就再倒入熱水補足。

取出蒸鍋放在托盤上，然後撒上些許水分（分量外）。以手舀水朝整體撒水約5次，為了讓水分能往下滲透需靜置5分鐘。

完全掌握

豆沙的燉煮方式

豆沙是和菓子的命脈。

因為可以品嘗到紅豆豐富醇厚的香氣。

要將水分煮乾，並調整至能輕鬆包覆、隨意延展的狀態，

這就是燉煮豆沙最重要的兩個部分。

尤其是作為茶會和菓子的上菓子，

說是美味的關鍵就在於豆餡的風味也不為過。

接下來要介紹本書所使用的三種豆沙，也就是「顆粒豆沙」、「豆沙泥」和「白豆沙」的燉煮方式，而且是在家中便於製作的最少限度分量（紅豆400~500g）。要特別注意如果紅豆的分量少於這個標準就很容易失敗。而剩下的豆沙可以冷凍保存，所以就算製作兩倍的分量也沒關係。

製作過程的重點在於要觀察燉煮汁液的顏色。因為可以從汁液顏色為基準去判斷胚芽蛋白的破壞程度以及紅豆的吸水狀態，所以必須在紅豆確實吸收水分後再燉煮。至於用來燉煮的鍋子，最好是比直徑21cm還要大的尺寸。建議最好是使用底部面積大的「銅鍋」或是中華炒鍋，如果手邊都沒有這些鍋具，那也可以使用底部邊緣呈現圓弧狀的雪平鍋。

而燉煮完成的豆沙，通常會呈現比預料中水分還要少且質地偏硬的狀態。如果不是這樣的狀態，就無法做出美味的和菓子。完成後的豆沙帶有濃厚且層次豐富的紅豆風味，不論是拿來作為內餡包覆還是揉圓都十分方便，在操作上極為輕鬆。不論是味道還是製作便利性，兩者都很重要。

但如果各位想更輕鬆地製作和菓子，當然還是可以購買市售的豆沙，重新燉煮後即可使用（第55頁）。

紅豆不須事先泡水

有許多人都誤解認為「紅豆泡水會變軟」。我的做法是不會泡水，而且泡水對於紅豆也不會產生任何變化。因為紅豆會吸水的部分只有「胚芽」而已。當蛋白質遭破壞後，才會開始吸水而變得柔軟。所以還是要突然放到沸騰的熱水裡，才會開始吸水變軟。

燉煮完成後會失去光澤

只使用紅豆和砂糖燉煮的豆沙餡，一開始會有光澤感，但是隨著逐漸攪拌均勻，砂糖就會完全融入其中造成光澤消失。如果還有光澤感就表示燉煮得還不夠均勻。

燉煮時要擦拭掉沾到鍋邊的豆沙

在燉煮豆沙的過程中要不時以沾濕的紙巾擦拭鍋邊。如果就這樣放著不管，鍋邊豆沙會因為失去水分而變硬、糖化。如果和其他的豆沙混在一起，就會影響口感。

顆粒豆沙、豆沙泥

顆粒豆沙和豆沙泥都是基本的豆沙餡，前半的製作過程都是共通的。只不過豆沙泥的口感較佳，顆粒豆沙的紅豆風味則較為醇厚，因此要考慮到和菓子的搭配性以及香氣等條件來選用。

特別準備的器具

▶ 豆沙泥

・過濾袋
（建議使用較厚的棉布等網目細密、熬高湯用的布袋）

・濾篩（20 網目）

▶ 顆粒豆沙

材料（可做出約 1300g）

紅豆（乾燥）……400g

砂糖（上白糖）……600g

小蘇打粉……5g

水……適量

▶ 豆沙泥

材料（可做出約 1400g）

紅豆（乾燥）……500g

砂糖（上白糖）……600g

小蘇打粉……5g

水……適量

顆粒豆沙、豆沙泥的共同步驟

鍋裡倒入紅豆 1.5 倍的水量（顆粒豆沙 600ml，豆沙泥 750ml）後開火，加熱至鍋子中央冒泡的沸騰狀態。

◉ 為了要讓熱水從下往上衝的力道變強，要確實加熱煮沸。

放入紅豆。

◉ 紅豆不必事先泡水，重點是要一口氣放到煮沸的熱水當中。這樣才能破壞掉「胚芽」而吸收水分。

再次煮沸後持續加熱 2 ～ 3 分鐘，然後再次朝鍋中一口氣加水（顆粒豆沙為 600ml，豆沙泥為 750ml）。

◉ 加水讓溫度一下子下降至 60℃，胚芽的蛋白質會因為遭到破壞而吸水，紅豆就會變得柔軟。因為無法一次將胚芽破壞掉，所以這個動作要再重複幾次。

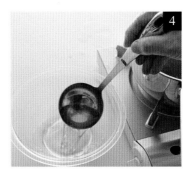

立即將鍋內的汁液舀起（顆粒豆沙為 600ml，豆沙泥為 750ml）。

◉ 在這個階段，由於胚芽的蛋白質還沒有完全遭到破壞，所以舀起的汁液顏色還很淡。

以 3 ～ 4 相同方式 —— 煮沸後持續加熱 2 ～ 3 分鐘，然後再次朝鍋中一口氣加水（顆粒豆沙為 600ml，豆沙泥為 750ml），舀掉汁液直到剩餘水量到紅豆上方 2cm 位置。

◉ 第二次的汁液顏色就會變得稍微深一些，但還是很清澈。在這個階段還只是煮出外皮的顏色而已。

一樣煮沸後持續加熱 2 ～ 3 分鐘，再增加水量（顆粒豆沙為 600ml，豆沙泥為 750ml），然後舀掉汁液直到剩餘水量到達紅豆上方 2cm 位置，反覆進行 4 ～ 5 次。

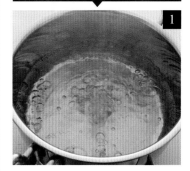

當汁液呈現最左側的混濁狀，就可以停止燉煮。從右至左依序為第一次、第二次、第四次、燉煮完成的汁液狀態。

◉ 最左側的汁液狀態，顯示蛋白質已經確實被破壞掉。

加熱燉煮後的紅豆（右）。比起原先的紅豆（左），吸水後的紅豆以膨脹了約三倍大為標準。

以濾網將汁液濾掉。

◉ 這個動作日文稱為「澀切」。剩餘的汁液不再使用。

← 下接 p.88

顆粒豆沙

鍋內倒入比原紅豆分量多出 1.5 ～ 2 倍的熱水並煮沸，然後加入小蘇打粉和 9。再次沸騰後就轉小火。

◆ 要是熱水太多火力太強，鍋內的紅豆就會不停晃動，容易被煮到爛掉。在製作顆粒豆沙時要特別注意。

覆蓋鋁箔紙，持續燉煮 20 ～ 30 分鐘直到紅豆變軟。期間要是紅豆從水面冒出就要再補足熱水。

◆ 為避免受熱不均產生結塊的情況發生，要不時轉動鍋子。新鮮的紅豆比較容易煮軟，燉煮時間約為 20 分鐘。

燉煮好的狀態。

碗裡放上濾網倒入 12，將紅豆和汁液分開。汁液直接裝在碗裡，讓碎裂的豆沙（生豆沙）向下沉澱。

◆ 汁液不要倒掉。

將 13 的紅豆倒回鍋中並加入砂糖。

等到 13 的汁液底下的豆沙沉澱，變成兩層分離狀態後，就倒掉上層的汁液。

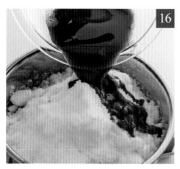

將 15 的沉澱豆沙倒入 14 的鍋中，以木鏟攪拌使之與砂糖混合。

開中火加熱。為避免弄破紅豆，使用木鏟以從底下撈起的方式，讓砂糖完全混合融化。若在中途煮沸了就轉小火。

使用濾網將紅豆撈起，讓紅豆與汁液分開。

◆ 在這個狀態下，如果將紅豆和汁液一起取出，並和白玉糰子一起加熱的話，就化身成味道高雅的善哉。或是將這裡的紅豆放在冰淇淋上一起享用也很美味。

19 將 18 濾掉的汁液倒回鍋內,接著開中火加熱熬煮汁液。使用耐熱矽膠刮刀攪拌比較不會失敗。

◆ 為避免有泡沫冒出,要調整火候大小。尤其是以 IH 調理爐加熱時底部會很燙,要特別注意。

20 煮沸後將火轉小,保持表面冒出小泡沫的沸騰狀態,並持續朝鍋底攪動避免燒焦,確實燉煮。

◆ 攪拌時將木鏟從前方朝對面方向移動,按照中間、右邊、中間、左邊的順序攪動。

21 不時以沾濕的廚房紙巾擦拭鍋邊。

◆ 依附在鍋邊的豆沙一旦變硬就不會融化。要是混入底下的豆沙,會導致產生不好的口感,所以要盡快擦拭乾淨。

22 水分會變得越來越少。邊攪拌的同時要注意不要燒焦。這個階段的豆沙還是帶有光澤感。

23 持續燉煮至能以木鏟撥開底部看到鍋底的狀態,等到光澤感消失就可以關火。

◆ 一路燉煮至此,甜味已漸漸變得穩定,能夠品嘗到豆沙的精華。

24 將 18 的紅豆倒回鍋內,使用木鏟以從鍋底撈起的方式將紅豆均勻混合。

25 分成小分量後擺放在砧板等物品上,讓多餘的水分被吸收。

26 等到放涼後,就以木鏟舀起,放置在托盤內並小力敲打。

◆ 為避免發霉,要先敲打將空氣擠出。

27 將乾布巾對摺為兩層後包在手上,隔著布巾以手按壓將豆沙泥弄平。待表面變乾就以保鮮膜覆蓋。

◆ 為了讓豆沙泥均勻變乾,要將表面弄平坦。

← 下接 p.90

結束過濾動作。濾網上殘留的是外皮和胚芽等雜質。將其完全去除後，就能做出滑順的豆沙。

反覆進行 13 ～ 15 的步驟將外皮去除。將兩個碗的內容物倒在同一個碗裡，空碗底部沉澱的豆沙則是浸水洗過後一起倒入。將 12 的鍋中剩餘的汁液也過篩倒入。

豆沙泥

準備兩個碗，一個碗倒入 7 分滿的水，另一個碗則是放上濾網。將 12 的紅豆連同汁液以圓形湯勺舀 1 匙的分量倒入濾網，再以湯勺背面稍微按壓轉動，讓紅豆皮大致剝落。

將適量的水一口氣倒入碗裡，注意不要溢出，以圓形湯勺混合攪拌，然後靜置約 5 分鐘。

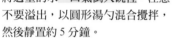

◆ 因為倒入的水會再倒掉，所以倒入的分量只要適量即可。

空碗裡放上網眼較小的濾網，將 16 分次倒入。

將殘留著紅豆皮的濾網放到裝水的碗上，以圓形湯勺攪動讓沉澱的豆沙（生豆沙）落下。

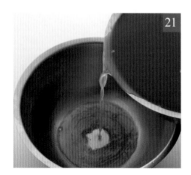

等到豆沙都往下沉澱後就倒掉上層的水。這個時候上層的水還是混濁狀態。

過程中將濾網泡入底下的汁液，以圓形湯勺攪動讓豆沙落下。不好過濾時，可加少量的水輔助。

用力按壓濾網讓水分往下掉，然後去除濾網上的外皮。

◆ 13 的步驟也可使用食物調理機以低速攪打 2 ～ 3 次，不要攪過頭即可。然後再以圓形湯勺分次舀起約 1 匙的分量來進行 14 ～ 15 的步驟。

再次一口氣倒入適量的水，以和 20 相同的方式攪動混合，然後靜置 5 分鐘。這個步驟要持續進行 5 ～ 6 次，直到上層的水變清澈。

◆ 這個步驟需要在較大的碗裡進行。因為倒入大量的水，所以清洗豆沙的次數也會減少。

等到能清楚看見碗裡沉澱的豆沙、上層的水變得清澈，就可以停止過濾。

慢慢地倒掉上層的水。

將準備好的過濾袋放入碗裡，整個覆蓋住碗。

使用圓形湯勺攪拌 24，讓底下的豆沙浮起，接著一口氣倒入 25。要是碗裡有殘留的豆沙，就加入少量的水輔助倒入過濾袋中。

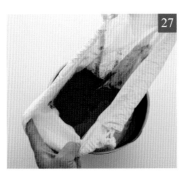

提起過濾袋的上層讓水稍微落下，然後將開口縮緊。

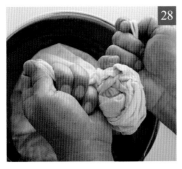

摺好後將開口以綁帶纏繞並確實綁緊。接著將過濾袋拿高將水分甩掉。

將 28 擺在斜放的砧板上，以雙手加上體重的力量往下壓，把多餘的水分確實擠出。還要不時變換過濾袋的位置，每一處都要均勻擠壓到。

◆ 由於紅豆的細小分子之間會有水分存在，所以要變換各個角度以體重力量下壓。

水分擠壓完成後的狀態。將豆沙移至乾的碗裡。至於殘留在過濾袋的部分，則是將過濾袋內外層翻面，浸在裝水的碗裡清洗，然後等沉澱後再將上層的水倒掉。

◆ 擠去水分的豆沙理想重量是原先紅豆的 1.6 倍重。

← 下接 p.92

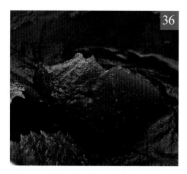

要混合攪拌到豆沙失去光澤感，舀起後會掉落，以及前端有角度立起的狀態。

◆ 還有光澤感就表示砂糖還沒有完全均勻混合。要持續混合攪拌至無光澤、變得稍微暗沉的狀態。

達到 110℃的基準為整體呈現濃稠狀，而且煮沸冒出來的泡泡會瞬間破裂成一個洞。

◆ 溫度上升到這個程度就能去除砂糖的臭味，使甜味更為柔和。

鍋裡放入砂糖，將倒掉上層水的30剩餘豆沙倒入。接著加入30擠出水分後的豆沙 1/3 的分量。

◆ 或多或少還會有水分殘留，但能用來溶解砂糖，這個部分不必太擔心。

轉成中小火，加入剩餘的豆沙，混合均勻後就關火。接著利用餘溫持續攪拌一陣子，再以矽膠刮刀趁熱將豆沙沾附在鍋邊，幾秒後將豆沙從鍋邊剝除乾淨。然後按照顆粒豆沙的做法25～27，以相同方式將豆沙移至托盤上並整平，待表面變乾就以保鮮膜覆蓋。

轉小火並加入剩餘豆沙一半的分量，然後仔細攪拌。

以木鏟稍微混合，開中火並不時攪拌讓砂糖融化。以沾濕的廚房紙巾擦拭掉鍋邊的豆沙。

◆ 在豆沙變硬糖化前要去除乾淨。

製作豆沙泥時將「豆沙」分三次加入的理由是？

製作豆沙泥時，會將豆沙（生豆沙）分三次加入混合。其實目的就在於要讓豆沙產生三種不同的狀態。第一種是豆沙分子和糖分相互結合的狀態，第二種是糖分還沒有完全附著的狀態，第三種則是糖分沒有附著的狀態。和糖分結合的豆沙分子會形成黏膩的狀態，而變得容易黏附他物。因此，要是所有的分子都和糖分結合，放到口中就會難以化開，進而殘留黏膩的味道。唯有和不易沾黏的分子一起混合，才能創造出清爽、能在口中化開的口感。

砂糖融化後就把火稍微轉大，一邊攪拌直到溫度到達 110℃。

利用豆沙
輕鬆帶出甘醇甜味

如果手邊有美味的豆沙，就能輕鬆完成風味絕佳的善哉和紅豆湯。善哉這道料理，是在白玉糯子上淋滿柔軟而飽滿的顆粒豆沙所做成。這裡介紹的是使用顆粒豆沙的製作方式，但如果是使用「顆粒豆沙」做法18的紅豆和汁液來製作，味道會更為清爽。而紅豆湯的部分，則是使用了各半的豆沙泥和顆粒豆沙，將風味提升至更高層次。

使用豆沙泥 ● 紅豆湯

使用顆粒豆沙 ● 善哉

材料（1人份）

豆沙泥……70g

水……70ml

白玉粉……20 ～ 30g

溫水（約30℃）……適量

做法

❶ 按照右側的善哉做法❶～❸來製作白玉糯子。

❷ 小鍋子裡放入豆沙泥和水後開火加熱，混合攪拌均勻。

❸ 碗裡放入 3 ～ 4 個❶，然後倒入❷。

材料（1人份）

顆粒豆沙……70g

水……適量

白玉粉……20 ～ 30g

溫水（約30℃）……適量

做法

❶ 碗裡放入白玉粉，邊將溫水分次倒入邊用手混合攪拌。

❷ 將其捏製成比耳垂還要硬一些的條狀，然後用手分割且揉圓成直徑約 2cm 的糯子狀，接著以大拇指朝中央按壓出凹陷。

❸ 鍋子裡倒入熱水（分量外）煮沸，將❷放進鍋中烹煮。浮起來之後立即撈起放入冰水裡，然後瀝乾。

❹ 小鍋子裡放入顆粒豆沙和少量的水並開火加熱。水要分次加入，調整成自己偏好的濃稠度。

❺ 碗裡放入 3 ～ 4 個❸，然後淋入❹。

材料（可做出約 1200g）

白豆（大手亡）＊……500g

砂糖（上白糖）……450g

小蘇打粉……20g

水……適量

＊大手亡為白色菜豆中的一種，而且是屬於大粒豆。可以在製菓材料行購買。

特別準備的器具

・過濾袋

　（建議使用較厚的棉布等網目細密、熬高湯用的布袋）

・濾篩（20 網目）

白豆沙

有別於紅豆，白腰豆（大手亡）能製作出具柔和風味、甜味和香氣的豆沙餡。由於本身呈現美麗的乳白色，可善加利用其本來的顏色，或是將豆沙餡改變顏色。

將 **6** 煮軟的豆子按照 P.90～92「豆沙泥」的做法 **13**～**16**，以相同方式將沉澱豆沙（生豆沙）取出，並去除濾網內殘留的外皮。接著再按照做法 **17**～**19**，以相同方式使用網眼較細的濾篩將雜質完全去除。

將濾掉水分的豆子放入碗裡，以拳頭按壓各處讓外皮剝落。

在較大的鍋子中倒入 750ml 的水後煮沸，然後加入小蘇打粉。加熱時若熱水快要溢出就將火力轉小。然後放入白豆，持續加熱至中央冒泡的完全沸騰狀態。

按照「豆沙泥」的做法 **20**～**24**，以相同方式讓上層的水變清澈。接著按照做法 **25**～**30**，以相同方式放入過濾袋內擠出水分。殘留在過濾袋內的豆沙，也以相同方式使其沉澱並倒掉上層的水。

◆ 由於白豆的質地較細緻，在擠壓水分時要更細心。豆沙重量最好是原先豆子的 1.6 倍。

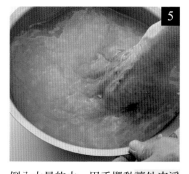

倒入大量的水，用手攪動讓外皮浮起。然後將水倒掉丟棄外皮。這個動作要反覆進行好幾次。等到外皮都剝落得差不多時，就以濾網撈起豆子將水分去除。

◆ 因為之後要將豆子搗碎，所以就算沒有將全部的外皮都剝除也沒關係。

一次倒入 100ml 的水（增加水量），稍微混合讓小蘇打粉能夠均勻溶解。這個動作要反覆進行 3～4 次。而豆子表面則是會逐漸變皺。

按照「豆沙泥」的做法 **31**～**37**，以相同方式混合攪拌加熱，放涼後則移至托盤並抹平，待表面變乾就以保鮮膜覆蓋。圖片為將混合攪拌完成的豆沙附著於鍋邊，然後進行剝落的狀態。

將鍋裡的熱水煮沸後加入 **5**，加熱至稍微沸騰的狀態，以濾網撈起豆子並去除雜質。然後在同一個鍋子裡倒入大量的熱水煮沸，接著放入豆子，稍微沸騰後就轉小火。蓋上鋁箔紙，燉煮約 20 分鐘直到豆子變軟。圖為燉煮完成的狀態。

豆子外皮變皺的部分消失且產生透明感。煮到能以手指將外皮剝落的狀態就以濾網撈起，沖冷水降溫。

PROFILE

渡邊好樹 Watanabe Yoshiki

東京富谷「岬屋」的第三代傳人。特別重視和菓子的基礎──豆沙的做法，並將各種材料和做法區分得很清楚，手作300種以上的和菓子。因為有許多製作茶會和菓子的經驗，所以製作的多為與茶道相關的和菓子。此外，也曾經在小學、大學、製菓材料行、料理教室等，擔任茶道相關課程的講師，其簡單易懂的教學方式相當受歡迎。

TITLE

「岬屋」店主親傳 歲時和菓子基礎技法

STAFF

		ORIGINAL JAPANESE EDITION STAFF	
出版	瑞昇文化事業股份有限公司	撮影	日置武晴
作者	渡邊好樹	アートディレクション	大薮胤美（フレーズ）
譯者	林文娟	デザイン	尾崎利佳（フレーズ）
		スタイリング	岡田万喜代
總編輯	郭湘齡	取材・レシピ構成	井伊左千穂
責任編輯	蔣詩綺	校正	株式会社円水社
文字編輯	黃美玉　徐承義	編集部	原田敬子
美術編輯	孫慧琪		
排版	曾兆珩	林宏（漆器）http://hayashihiroshi.net	
製版	印研科技有限公司	艸田正樹（ガラス）http://kusada.net	
印刷	桂林彩色印刷股份有限公司		

法律顧問	經兆國際法律事務所　黃沛聲律師
戶名	瑞昇文化事業股份有限公司
劃撥帳號	19598343
地址	新北市中和區景平路464巷2弄1-4號
電話	(02)2945-3191
傳真	(02)2945-3190
網址	www.rising-books.com.tw
Mail	deepblue@rising-books.com.tw
初版日期	2018年5月
定價	320元

國家圖書館出版品預行編目資料

「岬屋」店主親傳：歲時和菓子基礎技
法 / 渡邊好樹著；林文娟譯. -- 初版. --
新北市：瑞昇文化, 2018.05
96面；18.8 x 25.7公分
ISBN 978-986-401-236-7(平裝)

1.點心食譜

427.16　　　　　　　107004831